U0187733

高寒草地研究样带常见

植物图谱

◎ 武建双　李少伟　王向涛　等　著

中国农业科学技术出版社

图书在版编目（CIP）数据

藏北羌塘高寒草地研究样带常见植物图谱 / 武建双等著 . -- 北京：中国农业科学技术出版社，2021.10
ISBN 978 – 7 – 5116 – 5485 – 4

Ⅰ . ①藏… Ⅱ . ①武… Ⅲ . ①寒冷地区—高山草地—植物—藏北地区—图谱 Ⅳ . ① Q948.527.5–64

中国版本图书馆 CIP 数据核字（2021）第 187281 号

责任编辑 崔改泵 马维玲
责任校对 贾海霞
责任印制 姜义伟 王思文

出 版 者 中国农业科学技术出版社
北京市中关村南大街 12 号 邮编：100081
电 话 （010） 82109194 （编辑室）
（010） 82109702 （发行部）
（010） 82109702 （读者服务部）
传 真 （010） 82109194
网 址 http: // www.castp.cn
经 销 者 各地新华书店
印 刷 者 北京中科印刷有限公司
开 本 105 mm×144 mm 1/64
印 张 4.375
字 数 150 千字
版 次 2021 年 10 月第 1 版 2021 年 10 月第 1 次印刷
定 价 88.00 元

《藏北羌塘高寒草地研究样带常见植物图谱》

著作委员会

学术顾问　张宪洲　张扬建　高清竹
　　　　　沈振西　石培礼

主　　著　武建双　李少伟　王向涛

副 主 著　王加亭　曹仲华　陈　峰
　　　　　孔　彪　魏有霞

参著人员　付　刚　孙　维　牛　犇
　　　　　冯云飞　李　猛　曹亚楠
　　　　　王志鹏　张　雨　侯慧欣
　　　　　毛世平　程方方　刘　楠
　　　　　马娇林　阿　勇　宗　吉
　　　　　苏　雷　曲　央　张建国
　　　　　赤列多吉　桑嘎拉姆
　　　　　巴桑次仁　永忠久美
　　　　　格桑次仁　顿珠卓玛

前　言

高寒草地是羌塘地区最主要的自然景观，也是支撑当地畜牧业发展的基础性生产资料。羌塘地区植物种类较少，高等植物约400种，自东南向西北依次发育高山嵩草（*Kobresia pygmaea*）高寒草甸、紫花针茅（*Stipa purpurea*）高寒草原、驼绒藜（*Ceratoides latens*）高寒荒漠等地带性植被。其中，紫花针茅高寒草原分布最为广泛。青藏苔草（*Carex moocroftii*）高寒草原在羌塘北部的寒旱地区也多有分布。高寒草甸主要分布在那曲市东部区县、羌塘中部高山的阴坡以及河流湖泊边缘地带。西北部有驼绒藜荒漠和灌木亚菊（*Ajania fruticolosa*）荒漠零星分布。据统计，羌塘地区各类天然草原总面积约9.34亿亩，可利用面积7.94亿亩。

保护藏北高寒草地对维护国家生态安全具有重大意义。青藏高原是中国乃至周边国家和地区重要的生态安全屏障，其生态环境保护一直受到社会各界的广泛关注。青藏高原被认为是响应全球气候变化的“敏感区”和“启动区”。作为青藏高原的主体，羌塘是长江、怒江和澜沧江等亚洲主要河流的发源地，被誉为“亚洲水塔”。在全国主体功能区规划中，羌塘被列为国家禁止开发和国家生态安全战略重点建设区域。保护并维持高原内部各类生态系统结构和功能的稳定性是科学应对全球气候变化的必然途径。

本人曾在 2009—2020 年连续多次带领科考队员横穿羌塘无人区，实地考察高寒草地空间分布、物种组成和生态功能。科考途中，科考团队采集了大量的植物标本，拍摄了各种植物的照片，积累了丰富的素材和第一手资料。为了让研究羌塘草地生态的专家、学者和基层干部快速认识和了解这些植物，经过专家分类鉴定和本人精心挑选，《藏北羌塘高寒草地研究样带常见植物图谱》共收录羌塘草地常见植物 137 种。由于撰写时间紧迫及水平有限，书中对植物的描述难免有疏漏和不足之处，诚请广大专家、学者和读者提出宝贵意见并指正。

本图谱由第二次青藏高原综合科学考察研究任务十“区域绿色发展途径”专题二“农牧耦合绿色发展的资源基础考察研究”（2019QZKK1 002）资助出版，同时得到西藏自治区农业农村厅的大力支持，在此表示诚挚的谢意。

武建双

2021 年 5 月 20 日

目　录

1. 单子麻黄

Ephedra monosperma Gmel. ex Mey.

麻黄科　麻黄属

【主要特征】高 5～15 cm，草本状矮小灌木。木质茎短小，多分枝，常有结节状突起；绿色小枝多展开或平展，常微弯曲，细弱，径约 1 mm，节间长 1～2 cm，叶鞘状，2 裂，长 2～3 mm，下部 1/3～1/2 合生，裂片短三角形。雄球花生于小枝上下各部，单生枝顶或对生节上，多呈复穗状，苞片 3～4 对，雄蕊花丝全部合生；雌球花无梗，苞片 3 对，基部合生，雌花通常 1，胚珠的珠被管通常较长而弯曲。雌球花成熟时肉质红色，微被白粉，最上 1 对苞片约 1/2 合生；种子外露。

【生境分布】生于海拔 3 700～4 700 m 的山坡、河谷、河滩或岩缝。分布于江达、芒康、昌都、米林、那曲、班戈、当雄、曲水。

2. 山岭麻黄（原变种）

Ephedra gerardiana Wall. var. *gerardiana*

麻黄科　麻黄属

【主要特征】高 5～15 cm，矮小灌木。木质茎呈根状茎，埋于土中，先端有短的分枝，伸出地面呈结节状；通常生有绿色小枝，小枝短，伸直向上，或微曲，通常仅 1～3 个节间，有时下面的节上有轮状分枝，节间长 1～2 cm，直径 1.5～2 mm，纵槽纹明显。叶鞘状，2 裂，长 2～3 mm，下部约 2/3 合生，幼时明显，花后常干落。雄球花单生于小枝中部的节上，具 2～3（多为 2）对苞片，雄花具 8 枚雄蕊，花丝全部合生，约 1/2 伸于假花被之外；雌球花单生，无梗或有梗，苞片 2～3 对，1/4～1/3 合生，基部一对最小，上部一对最大，雌花 1～2 朵，珠被管短。雌球花成熟时肉质红色，近球形，长 5～7 mm；种子先端外露。

【生境分布】生于海拔 3 700～5 300 m 的干旱山坡。分布于日土、噶尔、革吉、札达、改则、仲巴、萨嘎、吉隆、聂拉木、定日、定结、日喀则、白朗、江孜、浪卡子、班戈、双湖、申扎、林周、拉萨、隆子、嘉黎、八宿、左贡。

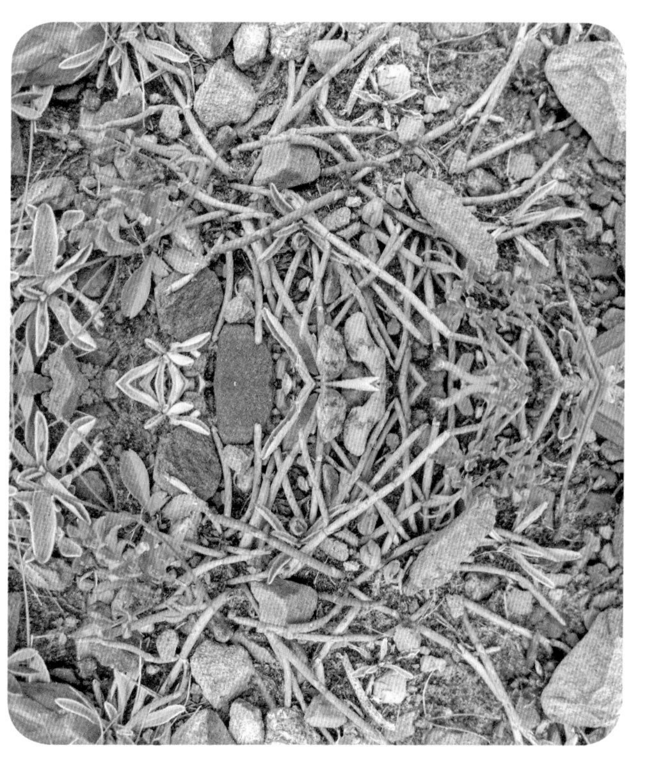

3. 高原荨麻

Urtica hyperborea Jacq. ex Wedd.

荨麻科　荨麻属

【主要特征】高 10～50 cm，多年生草本。丛生。具木质化的粗地下茎，上部钝四棱形，节间较密，干时麦秆色并带紫色，具稍密的刺毛和稀疏的微柔毛。叶干时蓝绿色，卵形或心形，长 1.5～7 cm，宽 1～5 cm，先端短，渐尖或锐尖，基部心形，边缘有齿 6～11 枚，两面有刺毛和稀疏的细糙伏毛或微柔毛，钟乳体细点状，基出脉 3（5）条，叶脉在上面凹陷，在下面显著隆起；叶柄很短，长 2～5（16）mm；托叶每节 4 枚，离生，长圆形，向下反折，长 2～4 mm。雌雄同株（雄花序生下部叶腋）或异株；花序短穗状，长 1～2.5 cm；雄花具细长梗，在芽时直径约 1.3 mm；退化雌蕊近盘状，具短粗梗；雌花具细梗。瘦果卵形，压扁，长约 2 mm，苍白色或灰白色，光滑；宿存花被干膜质，内面 2 枚近圆形或扁圆形，比果大 1 倍以上，长 3～5 mm，被稀疏的微糙毛，有时在中肋上有 1～2 根刺毛，外面 2 枚卵形，较内面的短 8～10 倍。花期 6—7

月，果期 8—9 月。

【生境分布】生于海拔 4 500～5 200 m 的高山砾石地、岩缝或山坡草地。分布于聂拉木、定日、萨迦、南木林、尼木、那曲、班戈、改则、双湖。

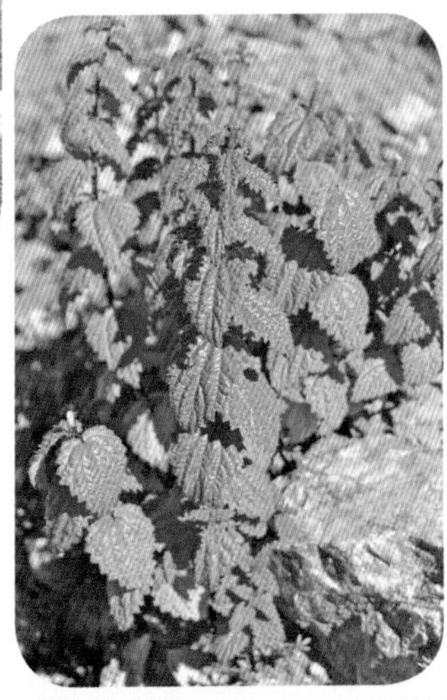

4. 掌叶大黄

Rheum palmatum L.

蓼科　大黄属

【主要特征】高 1～2 m，高大粗壮草木。茎直立。基生叶外形宽卵形或近圆形，具 5～7 深裂，裂片全缘或有粗锯齿或呈羽状浅裂，基部心形，纸质，上面无毛或沿叶脉具毛，下面具柔毛，基出脉 3～7 条；叶柄粗壮，与叶片近等长或较短。花序呈圆锥状，大型，具多回分枝，分枝近直立，密集；花被片椭圆形，淡绿色或紫红色，长约 1.5 mm；花药紫红色；花梗细弱，中下部具关节。瘦果椭圆形，长约 8 mm，顶端微凹，基部心形，翅宽约 2.5mm。

【生境分布】生于海拔 4 000～4 400 m 的山坡。分布于芒康、昌都、曲松、南木林、萨迦。

5. 菱叶大黄

Rheum rhomboideum A. Los.

蓼科　大黄属

【主要特征】高 10～15 cm，铺地矮小草本。无茎。叶基生，菱形，长 15～20 cm，宽 10～15 cm，革质，顶端稍尖，基部宽楔形，上面无毛，下面密生小突起，基出脉 5～7 条；叶柄粗壮。花葶多数，比叶短，花序为穗状的总状花序；花密集；花被片紫红色，长 1.5～2 mm；雄蕊 6～7，与花被片近等长。瘦果宽梯形，长 9～10 mm，宽 13～15 mm，宽大于长，顶端微凹，基部心形，翅宽 3～5 mm。花期 7 月。

【生境分布】生于海拔 4 700～5 400 m 的山坡草地或山顶草甸。分布于安多、申扎、班戈、改则。

6. 卵果大黄

Rheum moorcroftianum Royle

蓼科　大黄属

【主要特征】高 10～15 cm，铺地矮小草本。无茎。叶基生，卵形，长 8～14 cm，宽 6～10 cm，顶端稍尖，基部浅心形，革质，两面无小突起，下面有时呈紫红色，具 5 条红色基出脉；叶柄长 4～7 cm。花葶 1 至多数，花序为穗状的总状花序；花被片椭圆形，淡绿色或紫红色，长 2～3 mm；花药紫红色。瘦果卵形，长 6～7 mm，宽 4～5 mm，翅窄，宽 1～1.5 mm，幼果期淡紫红色。

【生境分布】生于海拔 4 500～5 300 m 的山坡草地或河滩砾石地。分布于比如、安多、仲巴、普兰。

7. 珠芽蓼（原变种）

Polygonum viviparum L. var. *viviparum*

蓼科　蓼属

【主要特征】高 10～40 cm，多年生草本。根状茎粗壮。茎直立，不分枝，通常数条自根状茎发出。叶长卵形或卵状披针形，长 3～10 cm，宽 6～15 mm，顶端渐尖，基部圆形或楔形，全缘，边缘叶脉增厚，向下反卷；茎生叶较小，披针形，无柄；托叶鞘筒状，无毛，长 1.5～5 cm，顶端偏斜。总状花序呈穗状，长 2～6 cm，下部有珠芽。瘦果卵形，具 3 棱，长约 2 mm，有光泽，深褐色。

【生境分布】生于海拔 3 000～5 100 m 的山坡草地、山沟或山顶草地。分布于江达、察雅、昌都、左贡、八宿、察隅、波密、林芝、米林、错那、那曲、安多、聂荣、拉萨、班戈、江孜、亚东、聂拉木、萨嘎、吉隆、普兰、札达。

8. 狭叶圆穗蓼（变种）

Polygonum macrophyllum D. Don var. *stenophyllum* (Meisn.) A. J. Li

蓼科　蓼属

【主要特征】高 8～30 cm，多年生草本。根状茎粗壮。茎直立，不分枝，通常 2～3 条，自根状茎发出。基生叶或宽披针形，长 5～12 cm，宽 1.5～2.5 mm，顶端急尖，基部圆形，上面绿色，下面无毛或有柔毛，灰绿色，边缘叶脉增厚，向下反卷，有长叶柄；茎生叶较小，狭披针形，叶柄短或近无柄；托叶鞘筒状，膜质，长 2～3 cm，顶端偏斜。总状花序呈穗状，顶生，紧密，直立，长 1.5～3 cm。瘦果卵形，具 3 棱，长约 2.5 mm，黄褐色，有光泽。

【生境分布】生于海拔 3 800～4 800 m 的山坡草地或山顶草甸。分布于江达、察隅、洛隆、波密、米林、加查。

9. 西伯利亚蓼（原变种）

Polygonum sibiricum Laxm. var. *sibiricum*

蓼科　蓼属

【主要特征】高 5～10 cm，多年生草本。根状茎细弱。茎自基部分枝，直立或外倾。叶稍肥厚，近肉质，长椭圆形或披针形，顶端尖或钝，基部通常为戟形，有时为楔形，长 3～6 cm，宽 5～12 mm；叶柄短；托叶鞘筒状，膜质，松散，易破裂。圆锥花序，小型，顶生，长 3～5 cm，通常比叶片短，极少超过叶片；花淡绿色。瘦果椭圆形，具 3 棱，黑色，有光泽，长 2～3 mm。

【生境分布】生于海拔 3 500～5 100 m 的湖滨砾石地、河滩沙地或河滩草地的盐碱土。分布于江达、左贡、林芝、索县、比如、拉萨、江孜、康马、日喀则、申扎、亚东、吉隆、双湖、萨迦、昂仁、札达、革吉。

10. 细叶西伯利亚蓼

Polygonum sibiricum Laxm. var. *thomsonii* Meisn. ex Stew.

蓼科　蓼属

【主要特征】高 2～5 cm，多年生草本。本变种与西伯利亚蓼的主要区别是植株矮小；叶片线形，长 2～4 cm，宽 1.5～2.5（3）mm；花序较小。

【生境分布】生于海拔 4 000～5 000 m 的盐湖边或河滩。分布于江孜、康马、仁布、萨迦、吉隆、申扎、措勤、班戈、双湖、普兰、噶尔、日土。

11. 中亚滨藜（原变种）

Atriplex centralasiatica Iljin var. *centralasiatica*

藜科　滨藜属

【主要特征】高 15～30 cm，一年生草本。枝钝四棱形，黄绿色。叶片卵状三角形至菱状卵形，长 1.5～3 cm，宽 1～2 cm，边缘具疏锯齿，近基部的 1 对齿较大，顶端微钝，基部宽楔形，下面密生白粉。雄花花被宽卵形，雄蕊 5；雌花的小苞片近半圆形，下部合生，边缘有不等大的三角形牙齿，表面生疣状或肉棘状附属物。种子直立。

【生境分布】生于海拔 4 000～4 500 m 的村旁、湖边或河滩。分布于吉隆、改则、札达、噶尔、日土。

12. 小果滨藜

Microgynoecium tibeticum Hook. f.

藜科　小果滨藜属

【主要特征】高 8～15 cm，一年生小草本。茎自基部分枝，外倾或平卧。叶卵形或菱状卵形，长 5～10 mm，宽 5～6 mm，顶端尖，基部楔形，有粉粒；叶柄长 5～10 mm。雄花花被膜质，裂至中部，裂片三角形；雄蕊着生于花被基部，花丝伸出于花被外；雌花无花被，1 至数朵，腋生，小苞片 2，卵形，顶端尖。胞果斜卵形，长 1～1.5 mm，散生小突起，顶端有时具 1～2 个耳状凸起。种子直立，黑色，有光泽。

【生境分布】生于海拔 4 000～4 800 m 的山坡草地、山谷或河边草滩。分布于乃东、亚东、林周、班戈、申扎、措勤、双湖、噶尔。

13. 平卧轴藜

Axyris prostrata L.

藜科　轴藜属

【主要特征】高 2～8 cm。茎、枝平卧或上升，密被星状毛，后期毛大部脱落。叶柄几与叶片等长（0.4～0.8 cm），叶片宽椭圆形、卵圆形或近圆形，长 0.5～1 cm，宽 0.4～0.7 cm，先端圆形具小尖头，基部下延至柄，全缘，两面均被星状毛，中脉不明显。雄花花序头状，花被片 3（5），膜质，倒卵形，雄蕊 3（5），与花被片对生，伸出花被外；雌花花被片 3，背部密被星状毛，后期毛脱落。果实圆形或倒卵圆形，侧扁，两侧具同心圆状皱纹，顶端附属物 2，较小，乳头状或有时不显。花果期 7—8 月。

【生境分布】生于海拔 4 000～5 000 m 的山坡或沙地。分布于安多、噶尔、札达、双湖。

14. 垫状驼绒藜（原变种）

Ceratoides compacta (Losinsk.) Tsien var. *compacta*

藜科　驼绒藜属

【主要特征】高 10～25 cm。植株矮小，垫状。具密集的分枝；老枝较短，粗壮，密具残存的叶柄，灰黑色，一年生枝长 1.5～3（5）cm。叶小，密集，叶片椭圆形、长圆形或倒卵形，长约 1 cm，宽约 0.3 cm，先端圆形，基部渐狭，边缘向背部卷曲；叶柄几与叶片等长，扩大下陷呈舟状，抱茎；后期叶片从叶柄上端脱落，叶柄下部宿存。雄花序短而紧密，头状；雌花管长圆形，长约 0.5 cm，上端具 2 个大而宽的兔耳状裂片，裂片长几与管长相等或较管稍长，先端圆形，向下渐狭，平展，果时管外被短毛。花果期 6—8 月。

【生境分布】生于海拔 4 900～5 100 m 的石质山坡。分布于日土、双湖。

15. 单翅猪毛菜

Salsola monoptera Bunge

藜科　猪毛菜属

【主要特征】高 10～30 cm，一年生草本。茎、枝密生短硬毛；枝互生，最下部的近于对生。叶片丝状半圆柱形，长 1～1.5 cm，宽 0.5～1 mm，黄绿色，具短硬毛，顶端具刺状尖。花序穗状，有时花遍布于植株；苞片披针形，长于小苞片；花被片长卵形，膜质，无毛，果时变硬、革质，仅 1 个花被片的背面生翅；花被片在翅以上部分，向中央聚集，形成平面；雄蕊长于花被，花药长约 0.3 mm，附属物极小；柱头丝状，长为花柱的 4～6 倍。

【生境分布】生于 4 000～4 800 m 的湖边、河滩或山谷。分布于班戈、双湖、改则、申扎、革吉、普兰、日土。

16. 腺毛叶老牛筋

Arenaria capillaris var. *glandulosa* Fenzl

石竹科　无心菜属

【主要特征】高 15～25 cm，多年生草本。丛生。主根粗，圆锥形，自根颈处多分枝。茎基部宿存枯萎叶基，茎上部被腺毛。叶细线形，长 2～13 cm，宽约 1 mm，顶端锐尖，基部较宽；基生叶密集，较长；茎生叶 3～4 对，较短。聚伞花序，具多花；苞片卵状披针形，草质，长 0.5～1 cm，顶端长渐尖，被柔毛；花梗长 0.5～1 cm，密被腺毛；萼片 5，披针形，长 5～7 mm，顶端尖，边缘窄膜质，被柔毛；花瓣 5，白色，倒卵状长圆形，长为萼片的 1～2 倍，顶端钝圆或微凹；雄蕊 10，短于花瓣；子房卵圆形，花柱 3。蒴果卵圆形，顶端 6 齿裂。种子暗褐色，具瘤状突起。

【生境分布】生于海拔 4 000～4 400 m 的灌丛。分布于加查、林周。

17. 瘦叶雪灵芝

Arenaria ischnophylla Williams

石竹科　无心菜属

【主要特征】高 4～5 cm，多年生垫状草本。由基部分枝，下部宿存褐色枯叶。叶钻形，长 0.5～1 cm，宽不足 1 mm，顶端具刺状尖，基部较宽，膜质，边缘增厚，背面隆起，表面凹入，叶横断面近三角形，具 1 脉。花单生枝端；苞片披针状卵形；小花梗长约 5 mm，被柔毛；萼片 5，披针形，长约 4 mm，顶端锐尖，边缘具窄膜质，具 3 脉，背面通常被稀疏的柔毛；花瓣 5，白色，卵状椭圆形，长约 5 mm，顶端钝；雄蕊短于萼片；子房球形，花柱 3。

【生境分布】生于海拔 4 500～4 920 m 的高山草甸。分布于工布江达、朗县、吉隆。

18. 藓状雪灵芝

Arenaria bryophylla Fernald

石竹科 无心菜属

【主要特征】多年生垫状草本。根粗壮，木质化。茎高 3～4 cm，紧密簇生，下部枯叶密集，叶片呈针状线形，长 4～7 mm，宽约 1 mm，顶端锐尖，基部稍宽，呈膜质，抱茎，边缘有稀疏茸毛。苞片呈披针形，长 3 mm，宽不足 1 mm，无梗；萼片 5，呈长圆状披针形，长 4 mm，宽 1.5 mm，顶端尖，边缘窄，膜质，具 3 脉；花瓣 5，白色，呈窄倒卵形，比萼片稍长；花盘碟形，具有 5 个圆形腺体；雄蕊 10，长 3 mm；子房卵状球形，长 1.5 mm，有多个胚珠，花柱 3，线形，长 1.5 mm。

【生境分布】生于海拔 4 200～5 400 m 的高山草甸或高山碎石带。分布于扎达、革吉、日土、普兰、措勤、班戈、改则、双湖、巴青、那曲、吉隆、定日、聂拉木、拉萨、白朗、仲巴、萨嘎、错那、乃东、隆子、康马、江孜等。

19. 腺女娄菜

Melandrium glandulosum (Maxim.) F. N. Williams

石竹科　女娄菜属

【主要特征】高 30～50 cm，二年或多年生草本。全株密被腺毛。根肉质，纺锤形或圆锥形。基生叶较密，长椭圆形，长 4～6 cm，宽 1～1.5 cm，顶端钝，基部渐狭呈柄状；茎生叶 1～3 对，长椭圆形或椭圆状披针形，长 2.5～4 cm，宽 0.5～1 cm，顶端钝或急尖，基部较宽，抱茎。聚伞花序，花 3～4 朵；苞片线状披针形，长 5～7 mm，宽 1～2 mm；花梗长 0.5～4 cm；萼钟形，长 1.4～1.5 cm，宽 0.8～1.3 cm，萼齿卵圆形，萼脉 10；花瓣紫色，伸出萼外，2 裂，裂片外侧基部具小齿，耳较宽，钝圆，爪下部疏生缘毛，鳞片长圆形；雄蕊 10，花丝基部具缘毛；子房长椭圆形，花柱 5，较短。蒴果卵状长圆形，10 齿裂。种子肾形，紫褐色，背面具瘤状突起。

【生境分布】生于海拔 2 700～5 000 m 的高山草甸或砾石滩。分布于普兰、那曲、八宿、隆子、昌都、江达。

20. 藏蝇子草

Silene waltoni Williams

石竹科　绳子草属

【主要特征】高 30～60 cm，多年生草本。根粗壮，木质化。疏丛生，疏被柔毛；基部木质化，多分枝，呈小灌木状。叶线形或钻状披针形，长 0.8～2 cm，顶端尖，基部较宽，抱茎，质较厚，具 1 脉，沿脉被短柔毛，边缘具缘毛，下面疏被短柔毛。总状聚伞花序，花多数；苞片与叶同形，缘毛较密；萼筒状或棒状，长 1～1.3 cm，上部膨大，基部缢缩，疏被柔毛，具 10 条细脉，脉上部连合，萼齿三角形，顶端钝，边缘膜质，具缘毛；花瓣白色，顶端深紫色，长 1.5～2 cm，2 裂，裂片较宽，爪上部的耳分离，爪下部与花丝无毛；子房椭圆形，花柱 3，丝状。

【生境分布】生于海拔 3 040～4 700 m 的山坡草地。分布于拉萨、浪卡子、林周、南木林、加查、林芝。

21. 伏毛铁棒锤

Aconitum flavum Hand. -Mazz.

毛茛科　乌头属

【主要特征】高 35～100 cm，多年生草本。块根圆柱形或圆锥形，褐色。茎直立。基生叶和茎下部叶开花时枯萎，上部叶排列稠密，叶片宽卵形，两面近无毛。总状花序顶生或腋生，狭长；苞片线形；花梗粗短；萼片黄绿色或紫色，宽倒卵圆形，下萼片长圆形或长椭圆形；花瓣无毛或疏被短柔毛；雄蕊花丝无毛或疏被短柔毛，全缘。蓇葖果被短柔毛或近无毛。种子倒卵状三棱形。花果期 8—9 月。

【生境分布】生于海拔 4 000～4 700 m 的山地草坡或疏林下。分布于班戈、嘉黎等。

22. 冰川翠雀花

Delphinium glaciale Hook. f. et Thoms.

毛茛科　翠雀属

【主要特征】高约 6 cm，多年生草本。茎有斜下展的短柔毛。基生叶约 3，有长柄；叶片肾形，长约 1 cm，宽约 2 cm，3 全裂，各回裂片互相稍覆压，全裂片二至三回细裂，末回裂片狭椭圆形或狭卵形，两面均被短柔毛；叶柄长 2～2.7 cm。伞房花序，花 2～3 朵；花梗长 2.8～3.5 cm，密被短柔毛及黄色短腺毛；小苞片叶状；萼片蓝紫色，椭圆形或宽椭圆形，长 2.4～2.7 cm，上萼片船形，外面有短柔毛，脉明显，距下垂，圆锥形，长 1～1.4 cm，基部粗 4～5 mm；花瓣有黄色髯毛；退化雄蕊瓣片长圆形，长约 1 cm，2 裂，中央有黄色髯毛；心皮 5，子房有短柔毛。花期 8—9 月。

【生境分布】生于海拔 5 300 m 的砾石山坡。分布于申扎等。

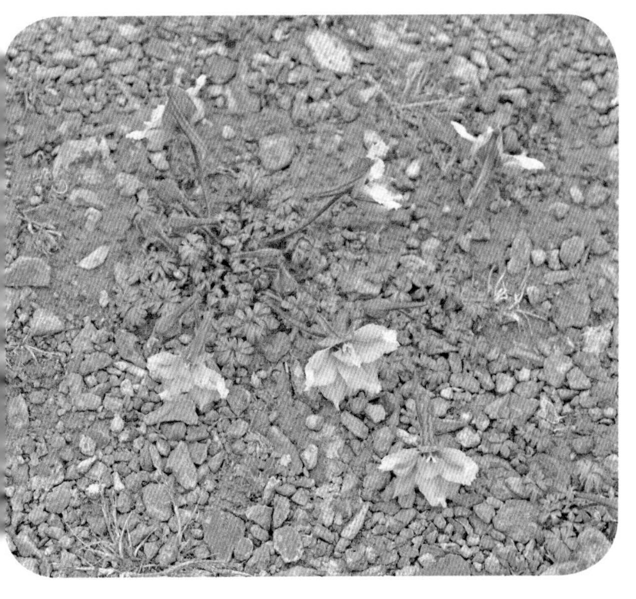

23. 奇林翠雀花

Delphinium candelabrum Ostf.

毛茛科 翠雀属

【主要特征】高 8～11 cm，多年生草木。下部无毛，上部有反曲的短柔毛。茎下部叶具长柄；叶片圆肾形，长 8～11 mm，宽 1.5～2.2 cm，3 全裂达或近基部，各回裂片邻接，中央全裂片宽菱形，一至二回 3 裂，末回裂片卵形或狭卵形，侧全裂片斜扇形，不等 2 深裂，边缘疏被短柔毛；叶柄长 6 cm。花 1～2 朵，生于茎或枝端；苞片叶状；花梗长 3.5 cm，密被反曲的短柔毛；小苞片近花，叶状；萼片蓝紫色，上萼片椭圆状卵形，长 1～8 cm；距钻形，长约 2 cm；花瓣顶端 2 浅裂；退化雄蕊黑色，瓣片近倒卵形，长约 6 mm，腹面中央有黄色密髯毛；雄蕊无毛；心皮 3。花期 7—8 月。

【生境分布】生于海拔 5 200～5 300 m 的砾石山坡。分布于班戈（奇林湖一带）、南木林。

24. 蓝翠雀花

Delphinium caeruleum Jacq. ex Camb.

毛茛科　翠雀属

【主要特征】高 8～40 cm。茎自下部分枝，与叶柄及花梗被反曲的短柔毛。基生叶具长柄；叶片心状圆形，宽 1.8～5 cm，3 全裂，中央全裂片倒卵形或菱状倒卵形，二回细裂，侧全裂片三回细裂，末回裂片线形，表面密被短伏毛，背面的柔毛稀疏且较长；叶柄长 3.5～14 cm。花序近伞状，有花 1～7 朵；花梗长 5～8 cm；小苞片狭披针形，长 4～10 mm；萼片紫蓝色椭圆状倒卵形或椭圆形，长 1.5～1.8（2）cm，外面被短柔毛，内面无毛；退化雄蕊蓝色，瓣片倒卵形或近圆形，不分裂或顶端微凹，中央被黄色髯毛；心皮 5，子房密被短柔毛。蓇葖果长 1.1～1.3 cm。种子倒卵状四面体形，长约 1.5 mm，沿棱有狭翅。花期 7—9 月。

【生境分布】生于海拔 4 000～5 400 m 的高山草地砾石山坡、砾石地或农田。分布于比如、安多、申扎拉萨、乃东（泽当）、林周、墨竹工卡、康马、江孜萨迦、南木林、吉隆、仲巴、普兰、札达、噶尔。

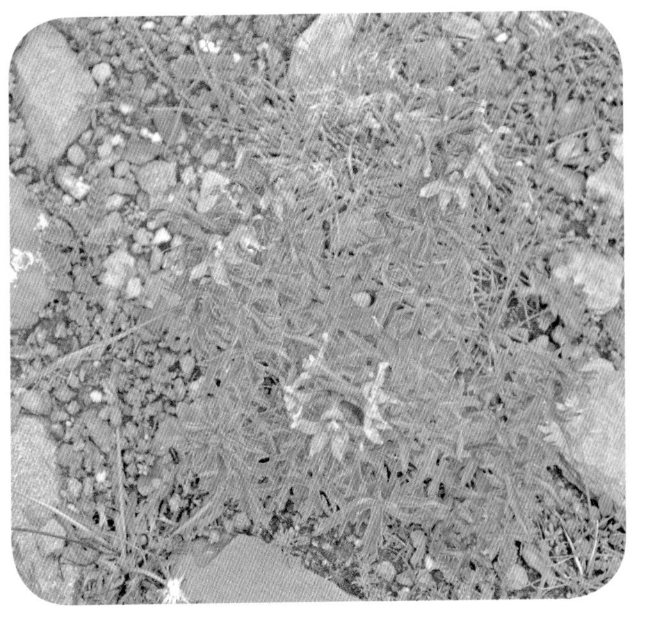

25. 高山唐松草

Thalictrum alpinum L.

毛茛科　唐松草属

【主要特征】多年生小草本，全部无毛。叶数个，均基生，有长柄，为二回羽状三出复叶；叶片狭卵形，长 1.5～4 cm；小叶革质，圆菱形、菱状宽倒卵形或倒卵形，长和宽均为 3～5 mm，基部圆形或宽楔形，3 浅裂，背面粉绿色，脉不明显；叶柄长 1.5～3.5 cm。花葶 1～2 条，长 10 cm，不分枝；总状花序长 8 cm；苞片小，卵形或狭卵形，长约 1.5 mm；花梗长 3～10 mm，向下弧状弯曲；萼片 4，绿白色或紫色，脱落，椭圆形，长约 2 mm；雄蕊 7～10，长约 5 mm，花药长圆形，长约 1.2 mm，顶端有短尖头，花丝丝形；心皮 3～5，柱头箭头状，与子房等长。瘦果狭卵球形，长约 3 mm，有 6～8 条纵肋，无柄或基部有不明显的柄。花期 6—7 月。

【生境分布】生于海拔 3 700～5 200 m 的高山草地。分布于林芝、亚东（帕里）、拉孜、定日、聂拉木、吉隆、仲巴、普兰、日土、改则。

26. 草玉梅

Anemone rivularis Buch. -Ham.

毛茛科　银莲花属

【主要特征】高 10～65cm。根状茎木质，垂直，粗 0.8～1.4 cm。基生叶 3～5，有长柄；叶片肾状五角形，长 2～6.5 cm，宽 4.5～9 cm，3 全裂，中央全裂片宽菱形或菱状卵形，3 深裂，边缘有牙齿，侧全裂片不等 2 深裂，两面被糙伏毛；叶柄长 5～20 cm。花葶高 15～60 cm，被疏柔毛；聚伞花序一至三回分枝，长（4）10～30 cm；苞片 3（4），长 3～6.5 cm，3 深裂，鞘状柄长达 1.5 cm；萼片（6）7～8（10），白色，倒卵形或椭圆状倒卵形，长（0.6）0.9～1.4 cm，背面顶端密被柔毛；花丝丝形，花药椭圆形；心皮 30～60，无毛，花柱长，顶端钩状弯曲。瘦果狭卵球形，长 7～8 mm。花期 6—8 月。

【生境分布】生于海拔 2 700～4 100 m 的高山草地。分布于江达、芒康、察雅、察隅、波密、林芝、米林、林周、拉萨、曲水、亚东、定结、聂拉木、普兰。

27. 卵叶银莲花

Anemone begoniifolia Lévl. et Vant.

毛茛科　银莲花属

【主要特征】高 15～39 cm。根状茎斜或近垂直，粗 3～6 mm。基生叶 3～9，有长柄；叶片心状卵形或宽卵形，长（1.5）2.8～8.8 cm，宽（1.3）2.2～8.4（10）cm，顶端短渐尖，基部深心形或心形，不分裂或不明显 3 或 5 浅裂，边缘自基部之上有浅牙齿，两面疏被长柔毛；叶柄长（2）3～21 cm，疏被开展的长柔毛或近无毛。花葶 1（2），常紫红色，有与叶柄相同的毛；苞片 3，无柄，长圆形，长 0.6～1.4 cm，不分裂或 3 裂，上部边缘有小齿；伞辐 3～7，长 1.5～4 cm，密被短柔毛；萼片 5，白色，倒卵形，长 0.5～1.1（1.3）cm，宽 2～5.5（8）mm，外面有疏柔毛；雄蕊长 2～3 mm，花丝丝形；心皮约 40，无毛，卵形，花柱极短，稍向外弯。聚合果直径约 4 mm；瘦果菱状倒卵形，长约 2 mm，在背面和腹面各有 1 纵肋。花期 2—4 月。

【生境分布】生于海拔 300～5 000 m 的高山草甸、灌丛、疏林下、河漫滩或流石滩等。分布于江达、昌都、类乌齐、芒康、八宿、波密、墨竹工卡、索县、嘉黎、那曲、安多、康马、萨嘎、林周、当雄、拉萨、班戈、申扎、亚东、定日、聂拉木、吉隆、仲巴、普兰等。

28. 西藏铁线莲

Clematis tenuifolia Royle

毛茛科　铁线莲属

【主要特征】木质藤本。茎有纵棱，常呈紫色，被短柔毛，叶为一至二回羽状复叶，一回裂片 2～3 对，分裂的情况及形状均有很大的变异，通常分裂为 3 个小叶，小叶有柄，狭卵形、披针形或狭椭圆形，不分裂或下部 2～3 浅裂，偶尔 2～3 深裂，边缘通常全缘，偶尔下部有 1～2 小齿，背面疏被短柔毛。花单生茎或枝端；花萼钟形，黄褐色或橘黄色，萼片椭圆状卵形或狭卵形，长 1.2～2.5 cm，两面均疏被短柔毛，内面边缘被短茸毛；雄蕊长约 1 cm，花丝披针状条形，被短柔毛。花期 6—9 月。

【生境分布】生于海拔 3 000～4 300 m 的高山草地、灌丛或疏林。分布于芒康、左贡、八宿、波密、林芝、米林、加查、朗县、隆子、林周、拉萨、江孜、昂仁、定日、康马、南木林、日喀则、聂拉木、吉隆、普兰、札达。

29. 美花草

Callianthemum pimpinelloides (D. Don) Hook. f. et Thoms

毛茛科　美花草属

【主要特征】植株全体无毛。茎2～3条，直立或渐升，高5～7 cm，无叶或有1～2茎生叶。基生叶与茎近等长，具长柄，为一回羽状复叶；叶片卵形或狭卵形，在开花时尚未完全发育，长1.5～2.5 cm，羽片（1）2（3）对，近无柄，卵形或宽菱形，不等掌状深裂，边缘有少数钝齿；叶柄长1.5～6 cm，基部鞘状。花直径1.1～1.4 cm；萼片5，椭圆形，长3～6 mm，宽1.8～3.5 mm，基部囊状；花瓣5～7（9），白色或粉红色，倒卵状长圆形或宽条形，长5～10 mm，宽1～2.5 mm；心皮8～14。瘦果卵球形，长约2.8 mm，表面皱缩，顶端有短喙。花期4—6月。

【生境分布】生于海拔3 700～5 600 m的高山草甸、多砾石处或小檗灌丛。分布于索县、安多、双湖、班戈、申扎、工布江达、浪卡子、亚东（帕里）、定结、定日、聂拉木、吉隆、仲巴。

30. 棉毛茛

Ranunculus membranaceus Royle

毛茛科　毛茛属

【主要特征】高 3～10 cm，多年生小草本。茎直立，有分枝，全体生棉状柔毛而呈银白色。基生叶多数，叶片条状披针形或线形，全缘，长 1～3 cm，宽 2～3 mm，通常内卷，质地厚，下面密生棉状白柔毛；叶柄短，生棉状绢毛，基部扩大成白膜质长鞘，老后呈纤维状残存；茎生叶条形或下部 3 深裂。花直径 1.2～1.5 cm；萼片椭圆形，长 3～6 mm，外面及花梗均密生棉状绢毛；花瓣长 6～9 mm；花托肥厚，无毛或顶端有白毛。聚合果长圆形，直径 5～6 mm；瘦果多，卵圆形，长约 1.5 mm，背腹缝线有纵肋。花果期 6—9 月。

【生境分布】生于海拔 4 000～5 120 m 的流石滩或砾石坡。分布于亚东、聂拉木、吉隆。

31. 多刺绿绒蒿

Meconopsis horridula Hook. f. et Thoms.

罂粟壳　绿绒蒿属

【主要特征】高 15～20 cm，一年生草本。全体被黄褐色或淡黄色、坚硬而平展的刺。主根肥而延长。茎近无或极短。叶均基生，叶片披针形，长 5～12 cm，宽约 1 cm，全缘或波状，两面被黄褐色或淡黄色、平展的刺；叶柄长 0.5～3 cm。花葶坚硬，通常 5～12 或更多，根生或有时在基部合生，密被黄褐色平展的刺。花单生于花葶上，半下垂，直径 2.5～4 cm；花瓣 5～8，有时 4，蓝紫色，宽倒卵形，长 1.2～2 cm，宽约 1 cm；花丝丝状，颜色比花瓣深；子房圆锥形，被黄褐色、平展或斜展的刺。蒴果倒卵形或椭圆状长圆形，长 1.2～2.5 cm，被锈色或黄褐色、平展或反曲的刺，通常 3～5 瓣自顶端开裂至全长的 1/4～1/3。花果期 6—9 月。

【生境分布】生于海拔 4 100～5 400 m 的草坡或砾石坡。西藏广泛分布。

32. 细果角茴香

Hypecoum leptocarpum Hook. f. et Thoms.

罂粟科　角茴香属

【主要特征】株高极不稳定，4～60 cm，一年生草本。无毛，略被白粉。茎丛生，长短不一，铺散而顶端向上，多分枝。基生叶多数，狭倒披针形，长 5～20 cm，叶柄长 1.5～10 cm，二回羽状全裂，小裂片披针形、卵形、狭椭圆形至倒卵形；茎生叶小，具短柄或近无柄。花茎多数，高 2～25cm，通常二歧分枝；具轮生苞叶，卵形或倒卵形，二回羽状全裂，向上逐渐变小，至最上部者为线形；花小，排列为二歧聚伞花序，每花具数枚刚毛状小苞片；花瓣淡紫色，外面 2 枚宽倒卵形，先端全缘，里面 2 枚较小，3 裂几达基部，中裂片匙状圆形，侧裂片较长，极全缘；花丝丝状，基部加宽，黄褐色，花药卵形；子房圆柱形。蒴果直立或近直立，狭线形，长 3～4 cm，成熟时在关节处分裂成数小节，每节具 1 枚种子。种子宽倒卵形。花果期 6—8 月。

【生境分布】生于海拔 3 800～4 800 m 的山坡草地或林缘等。西藏广泛分布。

33. 尖突黄堇

Corydalis mucronifera Maxim.

罂粟科　紫堇属

【主要特征】高约 5 cm，多年生垫状草本。根长约 9 cm，粗 1～1.5 mm。茎铺散分枝。基生叶长约 5 cm，叶片卵圆形或近圆形，长约 1 cm，三出羽状分裂或掌状分裂，末回裂片长圆形或倒卵形，长 4～6 mm，宽 2～3 mm，通常顶端具有短尖，叶柄长约 4 cm，宽 2～3 mm；茎生叶与基生叶相似而略小，常高出花序。花序伞房状顶生或腋生，长约 1 cm，花少而密集；花黄色；苞片扇形或菱形，长约 1.2 cm，宽约 1 cm，条裂，裂片长约 5 mm，宽 1～2 mm，顶端具短尖，边缘具缘毛；上花瓣（包括距在内）长约 8 mm，瓣片背部具浅鸡冠突起（距略短于瓣片），蜜腺体约贯穿距长的 1/2；下花瓣长 6 mm，瓣片稍阔展，背部具浅鸡冠突起；子房卵圆形，长 2 mm，花柱纤细，长 3 mm，柱头 4 裂。蒴果椭圆形，长 6 mm，宽 2 mm，成熟时，果柄顶端下弯，包埋于苞片之中。种子 4 枚，2 列。

【生境分布】生于海拔 4 200～5 300 m 的高山砾石地或流石滩。分布于巴青、那曲、安多、乃东、隆子、拉萨、双湖、日土。

34. 独行菜

Lepidium apetalum Willd.

十字花科　独行菜属

【主要特征】高 5～30 cm，一年或二年生草本。茎直立，分枝，无毛或具微小头状毛。基生叶窄匙形，羽状浅裂或深裂，长 3～5 cm，宽 1～1.5 cm；上部叶线形，有疏齿或全缘。总状花序在果期延长；萼片卵形，长约 0.8 mm，早落；无花瓣，或丝状，比萼片短；雄蕊 2 或 4。短角果近圆形或宽椭圆形，扁平，长 2～3 mm，顶端微缺，上部有不明显短翅；果梗弧形，长 3 mm。种子椭圆形，长约 1 mm，棕红色。花果期 5—7 月。

【生境分布】生于海拔 2 700～4 580 m 的山坡草地。分布于普兰、拉萨、班戈、安多、林芝、波密、昌都等。

35. 头花独行菜

Lepidium capitatum Hook. f. et Thoms.

十字花科　独行菜属

【主要特征】一年或二年生草本。茎匍匐或近直立，长达 20 cm，披散，多分枝，具腺毛。基生叶及下部叶羽状半裂，长 2～6 cm，宽 1～2 cm，两面无毛，基部渐窄成柄或无柄，裂片长圆形，长 3～5 mm，宽 1～2 mm，顶端急尖；上部叶相似但较小，羽状半裂或仅有锯齿。总状花序腋生，近头状，果期延长；萼片长圆形，长 1 mm；花瓣白色，倒卵状楔形，和萼片等长或稍短，顶端凹陷；雄蕊 4。短角果卵形，长 2.5～3 mm，宽 2 mm，顶端微缺，无毛，顶端偶有不明显翅；果梗长 2～4 mm。种子长卵圆形，长约 1 mm，浅棕色。花果期 5—7 月。

【生境分布】生于海拔 3 000～5 000 m。西藏广泛分布。

36. 无苞双脊荠

Dilophia ebracteate Maxim.

十字花科　双脊荠属

【主要特征】高 1～4 cm，二年生草本。除萼片外无毛，全部绿色或红色。根纺锤形，粗且长。茎多数丛生或单一。基生叶在花期枯萎；茎生叶聚集在茎顶端线状匙形，连叶柄长 5～20 mm，全缘或每边有 1～3 个疏齿。总状花序密生；花直径 2～3 mm；萼片宽卵形长 1～2 mm，顶端圆形，背部有毛；花瓣白色，匙形长 3～3.5 mm，具长爪；子房近 4 棱。短角果近圆形花期 7—8 月。

【生境分布】生于海拔 2 800～3 500 m 的河滩沙地分布于日土、革吉、噶尔、仲巴、改则、双湖、班戈安多。

37. 燥原荠

Ptilotricum canescens (DC.) C. A. Mey.

十字花科　燥原荠属

【主要特征】高 4～7 cm，半灌木。茎丛生，近直立，从基部分枝，全株具星状毛及贴生分叉毛。叶无柄，线形，长 5～15 mm，宽 1～1.5 mm，灰色。花序伞房状；花白色或粉红色，直径约 3 mm；萼片直立，卵形，长 1 mm，外面有灰色星状毛；花瓣倒卵形，长 2 mm；花柱长，宿存。短角果椭圆状卵形，长 4～5 mm，宽 3～4 mm，密生灰色星状毛；果梗长 5～10 mm。花期 6—7 月，果期 7—8 月。

【生境分布】生于海拔 4 000～5 200 m 的山坡草地或砾石质河滩。分布于班戈、双湖、普兰、札达、噶尔、日土等。

38. 无毛狭果葶苈

Draba stenocarpa Hook. f. ct Thoms.

十字花科　葶苈属

【主要特征】高 5～8 cm。果实无毛。叶全缘或有齿。

【生境分布】生于海拔 3 580～5 100 m 的高山草甸分布于仲巴。

39. 羽叶钉柱委陵菜（变种）

Potentilla saundersiana Royle var. *subpinnata* Hand. -Mazz.

蔷薇科　委陵菜属

【主要特征】高 30～60 cm，多年生草本。主根发达，圆柱形。茎直立或斜生，密生白色柔毛。基生叶小叶 5～7 近羽状排列，上面密被伏生绢状柔毛；副萼片顶端急尖或有 1～2 裂齿。

【生境分布】生于海拔 3 100～3 600 m 的高山草地或多砾石地。分布于那曲、安多、班戈、申扎等。

40. 高原芥

Christolea crassifolia Camb.

十字花科　高原芥属

【主要特征】高 10～40 cm，多年生草本。全株被白色单毛，很少无毛。地下有粗而直的深根，表面黑色，根端近地处生出多数分枝。茎直立，丛生。茎生叶肉质，形态与大小变化大，菱形、长圆状倒卵形、长圆状椭圆形至匙形，长 1～3 cm，宽（3）5～20（25）cm，顶端具 3～5 个大齿，基部楔形渐窄。总状花序，花 10～25 朵；结果时可伸长 5～8（4）cm；萼片长圆形，长 3.5～4 mm，有白色膜质边缘；花瓣白色或淡紫色，基部常紫红色，干时变为淡黄色；花柱近无，柱头压扁，微 2 裂。长角果线形至条状披针形，长 1～2.3 cm，宽 3～4.5 mm，种子间略凹下；果瓣顶端渐尖，基部钝，中脉明显，并可见网状侧脉；隔膜有明显或不明显的 2 脉。种子每室 1 行，种子长圆形，压扁，长约 2 mm，宽约 1.5 mm，黑褐色。花期 6—8 月。

【生境分布】生于海拔 4 000～4 800 m 的砾石山坡、河滩或山坡草地。分布于班戈、安多、革吉等。

41. 紫花糖芥

Erysimum chamaephyton Maxim.

十字花科　糖芥属

【主要特征】高 1.5～3 cm，多年生草本。全体有 2 叉丁字毛。无茎，根颈多头，或再分歧，在地面有多数叶柄残余。叶长圆线形，长 1～2 cm，全缘；叶柄长 1～2 cm。花浅紫色，直径约 5 mm；萼片长圆形，长 2～3 mm；花瓣匙形，长 5～6 mm。长角果长圆形，长 1～2 cm，具 4 棱，顶端稍弯曲；果梗长 6～8 mm，斜上。种子卵形或长圆形，长 1 mm。花期 6—7 月，果期 7—8 月。

【生境分布】生于海拔 4 600～5 500 m 的高山草甸或流石滩。分布于日土、噶尔、普兰、仲巴、改则、双湖、班戈、安多、聂拉木、拉孜、定日、南木林、措美、索县、丁青、芒康。

42. 藏布红景天

Rhodiola sangpo-tibetana

景天科　红景天属

【主要特征】多年生草本。基生叶线状披针形，长 1.5～3 cm，基部稍宽。叶互生，线状披针形，长 1～1.5 cm，基部有距。花茎直立；伞房花序长 1～1.5 cm，花 3～10 朵，花两性；萼片 5，长圆形，长 3～4 mm；花瓣粉红色或紫红色，披针形、狭卵形至倒披针状狭长圆形，长 5 mm，先端有宽的短尖；雄蕊 10，与花瓣同长或稍短；鳞片近匙状正方形，长 1 mm；心皮几分离，直立，长圆形，长 5～6.5 mm。花期 7—9 月，果期 9—12 月。

【生境分布】生于海拔 4 000～5 100 m 的河滩砂砾地、砂质草地或石缝。分布于仲巴、吉隆、聂拉木、萨嘎、南木林、昂仁、定结、定日、康马、江孜、仁布、隆子、措勤、班戈、申扎、双湖、那曲、普兰。

43. 四裂红景天

Rhodiola quadrifida (Pall.) Fisch. et Mey.

景天科　红景天属

【主要特征】多年生草本。主根长达 18 cm。根茎直径 1～3 cm，分枝，黑褐色。花茎残存，花茎细，高 3～10（20）cm，直立。叶密集互生，无柄，线形，长 5～8（12）mm，全缘。伞房花序，花少数，宽 1.2～1.5 cm，花梗与花等长或稍短；花常为单性，4 基数；萼片线状披针形，长 3 mm；花瓣紫红色，长圆状倒卵形，长 4 mm；雄蕊 8，与花瓣同长或稍长；鳞片线状长圆形，长 1.5～1.8 mm。蓇葖果披针形，长 5 mm，直立，先端有反折的短喙。花期 5—6 月，果期 7—8 月。

【生境分布】生于海拔 3 000～5 700 m 的高山草甸、灌丛、山坡石缝、沼泽或水沟边。分布于噶尔、札达、普兰、吉隆、聂拉木、定日、定结、拉孜、亚东、当雄、申扎、班戈、改则、双湖、安多、左贡、昌都。

44. 黑蕊虎耳草

Saxifraga melanocentra Franch.

虎耳草科　虎耳草属

【主要特征】高 4～19 cm，多年生草本。有短根状茎，茎直立，疏被白色卷曲腺柔毛。叶均基生，具柄叶片卵形、菱状卵形至长圆状卵形，长 1.3～3.5 cm宽 0.9～1.9 cm，先端急尖，基部楔形至圆形，边缘有锯齿，两面无毛，边缘疏具腺毛或无毛。聚伞花序伞房状，长 4.5～6 cm，花 3～14 朵，或为单花；花梗紫色，密被白色卷曲柔毛；萼片在花期反曲，三角状卵形至披针状卵形，长 3～6.5 mm，宽 1.7～2.6 mm，无毛或边缘疏具柔毛；花瓣白色，基部具 2 个橙黄色斑点卵形、阔卵形至卵状椭圆形，长 4～6.1 mm，宽 2.5～5 mm，先端钝，基部具长 0.5～1 mm 的爪，多脉；雄蕊长 4～5.5 mm，花药黑紫色，花丝钻形；雌蕊黑紫色，2 心皮合生至中部，子房近上位，花柱长 1.5～3 mm。花果期 7—9 月。

【生境分布】生于海拔 4 500～5 400 m 的高山灌丛高山草甸或高山碎石隙。分布于南木林、拉萨、达孜安多、错那、加查、米林、波密、比如。

45. 爪瓣虎耳草（原变种）

Saxifraga unguiculata Engl. var. *unguiculata*

虎耳草科　虎耳草属

【主要特征】高 2.5～9（13.5）cm，多年生草本丛生。茎基部分枝，具不育叶丛；茎中下部无毛，上部与花梗被褐色腺毛。不育叶丛和基生叶密集，呈莲座状，叶片匙形，长 0.46～1.9 cm，宽 1.5～6.8 mm，通常两面无毛，边缘或多或少具刚毛状睫毛；茎生叶较疏，稍肉质，长圆形、披针形至条形，长 4.4～8.8 mm宽 1～2.3 mm，先端具短尖头，通常两面无毛，边缘具腺睫毛（有时腺头掉落），罕有背面疏被腺毛。单花生于茎顶，或聚伞花序，花 2～8 朵，细弱，长 2～6 cm花梗长 0.3～2.5 cm；萼片起初直立，后变开展至反曲肉质，通常卵形，长 1.5～3 mm，宽 1～2.1 mm，先端钝或急尖，边缘通常全缘，稀啮蚀状，仅背面被褐色腺毛，3～5 脉于先端不汇合至汇合；花瓣黄色，中部以下具橙黄色斑点，狭卵形、椭圆形、长圆形至披针形长 4.6～7.5 mm，宽 1.8～2.9 mm，先端急尖或稍钝，基部具长 0.1～1 mm 的爪，有时无爪，3～7 脉，具不明显痂体，或无痂体；雄蕊长 2.8～4.3 mm；子房半下位，卵球形，长 2.3～3.8 mm，花柱长 0.5～1.4 mm。花期—8 月。

【生境分布】生于海拔 3 800～5 644 m 的云杉林下、灌丛、高山草甸或高山碎石隙。分布于改则、双湖、申扎、班戈、南木林、安多、那曲、索县、比如、丁青、类乌齐、察隅、贡觉。

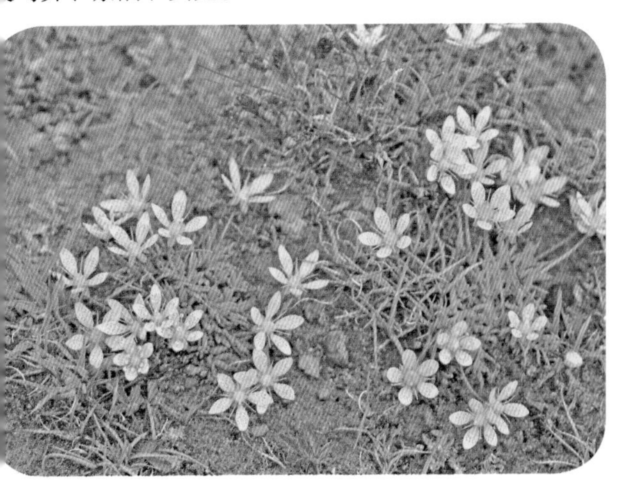

46. 金露梅（原变种）

Potentilla fruticosa L. var. *fruticosa*

蔷薇科　委陵菜属

【主要特征】高 0.5～2 m，灌木。多分枝，树皮纵向剥落，小枝红褐色，幼时被长柔毛。羽状复叶，通常有小叶 5，稀 3，上面 1 对小叶基部下延与叶轴合生，叶柄被绢毛或疏柔毛；小叶片长圆形、倒卵长圆形或卵状披针形，长 7～20 mm，宽 4～10 mm，先端急尖或圆钝，基部楔形，全缘，边缘平坦或反卷，两面绿色，疏被绢毛或柔毛或脱落近于无毛；托叶薄膜质，宽大，外面被长柔毛或近无毛。单花或数朵生于枝顶；花梗 0.8～2（4）cm，密被长柔毛或绢毛；花直径 1.5～3 cm，萼片卵形，副萼片披针形至倒卵披针形，与萼片近等长，外面被疏绢毛；花瓣黄色，宽倒卵形，比萼片长，花柱近基生，棒状，基部稍细，顶部缢缩，柱头扩大，瘦果 1，卵形，褐棕色，长约 1.5 mm，外被长柔毛。花果期 6—9 月。

【生境分布】生于海拔 3 600～4 800 m 的高山灌丛、高山草甸、山坡或路旁等。分布于察隅、林芝、比如、亚东、聂拉木、吉隆。

47. 小叶金露梅（原变种）

Potentilla parvifolia Fisch. ap. Lehm. var. *parvifolia*

蔷薇科　委陵菜属

【主要特征】高 0.3～1.5 m，灌木。分枝较密。小枝灰色或灰褐色，幼时被灰白色柔毛或绢毛。羽状复叶有小叶 3～5，基部 2 对，小叶呈掌状或轮状排列；小叶片披针形、带状披针形或倒卵披针形，长 7～10 mm，宽 2～4 mm，顶端渐尖，稀圆钝，基部楔形，边缘全缘，向下明显反卷，两面绿色，被绢毛或下面粉白色，有时被疏柔毛；托叶膜质，褐色或淡褐色，外面被疏柔毛。花单生或数朵顶生，花梗长 4～8 mm，被灰白色柔毛或绢毛；花直径 12～22 mm；萼片卵形，先端急尖；副萼片披针形、卵状披针形或倒卵披针形，短于萼片或近等长，外面被绢状柔毛或稀疏柔毛；花瓣黄色，宽倒卵形，比萼片长 1～2 倍；花柱近基生，棒状，基部稍细，在柱头下缢缩，柱头扩大。瘦果外面被毛。

【生境分布】生于海拔 3 800～5 500 m 的高山草甸、灌丛、湖边河滩草地或沟谷等处。分布于察雅、八宿、洛隆、比如、索县、工布江达、尼木、南木林、班戈、双湖、定日、聂拉木、吉隆、萨嘎、仲巴、普兰、札达、革吉、噶尔、日土。

48. 二裂委陵菜（原变种）

Potentilla bifurca L. var. *bifurca*

蔷薇科　委陵菜属

【主要特征】高 5～14 cm，多年生草本。根圆柱形，纤细，木质。茎直立或上升，密被长柔毛或微硬毛。羽状复叶，有小叶 5～8 对，最上面 2～3 对小叶基部下延与叶轴合生，连叶柄长 3～8 cm；叶柄密被长柔毛；小叶片无柄，椭圆形或倒卵椭圆形，长 5～15 mm，宽 4～8 mm，顶端常 2 裂，稀 3 裂，基部楔形或宽楔形，两面绿色，被较密或稀疏长柔毛；基生叶托叶膜质，褐色，有毛或无毛；茎生叶托叶草质，绿色，卵状椭圆形，常全缘稀有齿。近伞房状聚伞花序，顶生；花梗长 6～15 mm，被柔毛；花直径 7～13 mm；萼片卵形，顶端急尖，副萼片椭圆形，顶端急尖或钝，比萼片短或近等长，外面被疏柔毛；花瓣黄色，倒卵形，顶端圆钝，比萼片稍长；心皮沿腹部有稀疏柔毛，花柱侧生，棒形，基部较细，顶端缢缩，柱头扩大。瘦果表面光滑。花期 7 月。

【生境分布】生于海拔 3 500～5 100 m 的山坡草甸、河滩阶地草地或水沟边等。分布于昌都、八宿、波密、江孜、萨迦、萨嘎、札达、双湖。

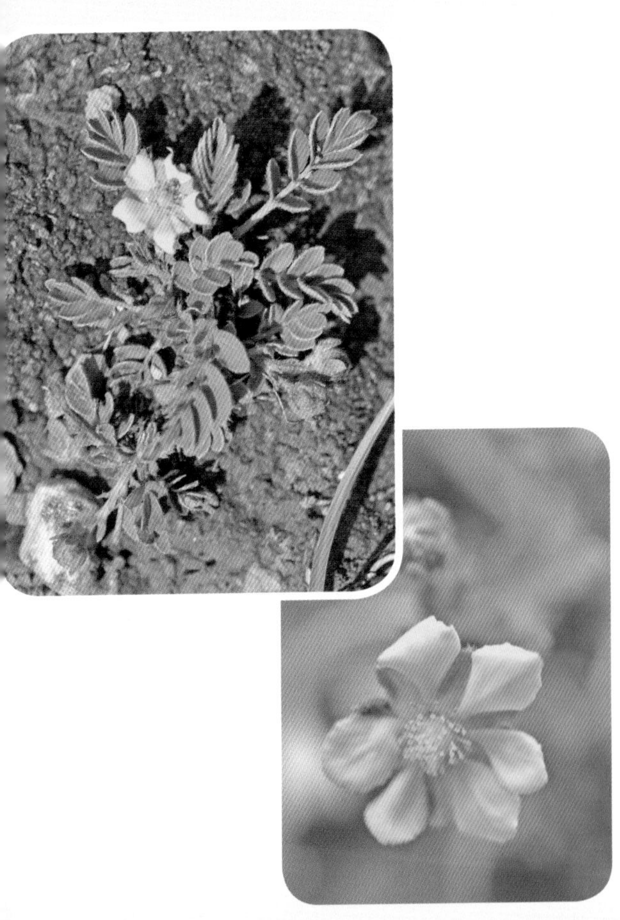

49. 蕨麻（原变种）

Potentilla anserina L. var. *anserina*

蔷薇科　委陵菜属

【主要特征】多年生草本。根延长，常在根的下部形成纺锤形或椭圆形块根。茎匍匐，节上生根，向上长出新植株，伏生长柔毛或近无毛。基生叶为间断的或不间断的羽状复叶，有小叶 6～11 对，连叶柄长 2～10 cm；叶柄被伏生长柔毛，有时脱落近无毛；小叶无柄或顶端小叶有短柄；小叶片椭圆形、倒卵椭圆形或长椭圆形，长 1～2 cm，宽 5～8 mm，顶端圆钝，基部楔形或宽楔形，边缘有缺刻状锯齿或呈裂片状，上面绿色，被疏柔毛或无毛，下面密被紧贴银白色绢毛茎生叶与基生叶相似，小叶对数较少；基生叶托叶膜质，褐色，基部和叶柄相连成鞘状，外面被疏柔毛或近无毛，茎上托叶膜质或草质。单花腋生；花梗长 1～4 cm，被疏柔毛；花直径 1.5～2 cm；萼片三角卵形，顶端急尖或渐尖，副萼片椭圆形或椭圆披针形，常 2～3 裂，稀不裂，比副萼片短小或近等长，萼片与副萼片外面均被柔毛或近无毛；花瓣黄色，倒卵形，比萼卄长 1 倍；花柱侧生，小枝状，柱头稍扩大。

【生境分布】生于海拔 2 600～4 750 m 的湖边沟谷草甸、山坡湿润草地、河滩草地或水渠旁。分布于芒康、察雅、江达、昌都、八宿、波密、林芝、朗县、措美、隆子、索县、嘉黎、那曲、拉萨、康马、日喀则、仁布、拉孜、定日、聂拉木、吉隆、仲巴、札达。

50. 钉柱委陵菜（原变种）

Potentilla saundersiana Royle var. *saundersiana*

蔷薇科　委陵菜属

【主要特征】高 10～20 cm，多年生草本。根粗壮，圆柱形。茎直立或上升，被白色茸毛及疏柔毛。基生叶为 3～5 掌状复叶，连叶柄长 2～5 cm，被白色茸毛及疏柔毛，小叶无柄；小叶片长圆倒卵形，长 0.5～2 cm，宽 0.4～1 cm，顶端圆钝或急尖，基部楔形，边缘有多数缺刻状锯齿，上面绿色，伏生稀疏柔毛，下面密被白色茸毛，沿脉伏生疏柔毛，茎生小叶与基生小叶相似；基生叶托叶膜质，褐色，外面被白色长柔毛或近无毛，茎生叶托叶草质，绿色，卵形或卵状披针形，下面被白色茸毛及疏柔毛。聚伞花序顶生；花梗长 1～3 cm，被白色茸毛；花直径 1～1.4 cm；萼片三角卵形或三角披针形，副萼片披针形，比萼片短或近等长，萼片与副萼片外面均被白色茸毛及柔毛；花瓣黄色，倒卵形，顶端下凹，比萼片稍长或长 1 倍；花柱近顶生，基部膨大不明显，柱头稍扩大。瘦果光滑。

【生境分布】生于海拔3 500～5 300 m的高山灌丛草甸、山坡、河滩草地或沼泽草地。分布于江达、昌都、芒康、察隅、八宿、波密、米林、朗县、索县、安多、那曲、拉萨、班戈、措美、亚东、南木林、萨迦、拉孜、昂仁、定日、聂拉木、吉隆、萨嘎、仲巴、措勤、双湖、改则、普兰、札达、日土。

51. 披针叶野决明

Thermopsis lanceolata R. Br. var. *lanceolata*

豆科　野决明属

【主要特征】高18～20 cm，多年生草本。全株被黄白色长柔毛。茎直立，单一或分枝，基部具厚膜质鞘。掌状三出复叶，具3小叶，小叶片倒披针形或矩圆状倒卵形，长2.5～4.5 cm，宽0.5～1 cm，基部渐狭，全缘，两面密生平伏长柔毛，小叶柄短；托叶2，卵状披针形，先端锐尖，基部稍联合，长1.5～2.5 cm，宽4～7 mm，被长柔毛。总状花序顶生；苞片3个，轮生，卵形，基部联合；花黄色，每2～3朵轮生，长25～28 mm；花萼略呈二唇形，长1.6 cm，密生平伏长柔毛，萼齿披针形，长5～8 mm；旗瓣近圆形，基部渐狭或呈爪状，顶端微凹；翼瓣与龙骨瓣比旗瓣短，有耳有爪；子房条形，密被柔毛，具短柄。荚果扁，条状矩圆形，长5～9 cm，宽7～12 mm，顶端具喙，密生短柔毛，含种子6～14粒。种子近肾形，黑褐色，有光泽。

【生境分布】生于海拔3 500～4 700 m的草原沙丘、河岸或砾石滩。西藏广泛分布。

52. 高山野决明

Thermopsis alpina (Pall.) Ledeb.

豆科　野决明属

【主要特征】高 15～20 cm，多年生草本。疏被长柔毛。茎直立，分枝。三出复叶互生；小叶片长椭圆形或长椭圆状卵形，长 2～4.5 cm，宽 1～2 cm，先端急尖或钝，基部宽楔形或近圆形，上面渐变无毛，背面密被长柔毛；托叶大，叶状 2 枚，基部连合，长椭圆形或长卵形。总状花序顶生；苞片 3 枚轮生，卵形或长卵形，基部连合，背面密生长柔毛；花 2～3 朵轮生长 2～3 cm；萼钟状，下方萼齿三角状披针形，上方萼齿三角形，密被开展长柔毛；花冠黄色，旗瓣圆形翼瓣狭，龙骨瓣长圆形。荚果扁平，长椭圆形，常作镰形弯曲或直，长 3～6 cm，宽 1～2.5 cm，被柔毛。种子 4～8 颗，卵状肾形，稍扁，褐色。花期 5—6 月，果期 7—9 月。

【生境分布】生于海拔 4 400～5 000 m 的山坡草地或湖边砾石地。分布于班戈、双湖、尼玛等。

53. 变色锦鸡儿

Caragana versicolor Benth.

豆科　锦鸡儿属

【主要特征】高 50～100 cm，矮灌木。枝条密，多针刺。树皮黄褐色，幼时带灰色。叶柄长 6～10 mm，长枝上宿存并硬化成尖，斜上或横展，短枝上的叶无叶柄；小叶 4 个，呈假掌状排列，倒卵状披针形，长 5～8 mm，宽 1～1.5 mm，顶端具短针尖，两面无毛。托叶在短枝上者膜质，脱落，在长枝上者宿存并硬化成刺尖。花单生，花梗长 7～10 mm，中部以下具关节，无毛；花萼钟状，基部偏斜，长 6～8 mm，无毛，萼齿三角形，顶端具针尖；花冠黄色；旗瓣带紫红色，顶端凹，长 15～18 mm；翼瓣长椭圆形，耳小，呈牙齿状；龙骨瓣稍宽，弯曲，耳短而圆；子房条形，无毛。荚果圆柱状，长 2～2.5 cm，顶端具长尖，无毛。花期 6—7 月，果期 7—8 月。

【生境分布】生于海拔 4 200～4 900 m 的山坡灌丛或砾石山坡。分布于定结、定日、聂拉木、吉隆、仲巴、普兰、札达、噶尔、革吉、日土、改则。

54. 团垫黄芪

Astragalus arnoldii Hemsl. et Pearson

豆科　黄芪属

【主要特征】高 1～3 cm，高山垫状植物。根粗壮木质。叶长 5～8 mm；托叶卵状披针形，长约 5 mm在叶柄背面的一侧彼此连合，与叶柄贴生至中部，疏被短柔毛；叶柄疏被白色“丁”字形毛；小叶 3～5（7枚，矩圆形，长 3～6 mm，边缘内卷，上面仅边缘疏被“丁”字形毛，下面密被“丁”字形毛。总状花序与叶近等长或比叶长，花 2～4 朵；花萼钟状，长 4～5 mm密被白色和黑色混杂的“丁”字形毛，萼齿钻状，长为萼筒的 1/2；花冠蓝色；旗瓣长 8～10 mm，瓣片宽卵形，中部以下渐狭成爪；翼瓣长 6～8 mm，顶端微凹龙骨瓣稍短于翼瓣；子房密被毛，具短柄。荚果镰形长 5～7 mm，宽约 3 mm，密被白色和黑色的“丁”字形毛，隔膜延至中部，呈半假 2 室。

【生境分布】生于海拔 4 500～5 100 m 的砾石山坡砾石河滩或山坡草地。分布于那曲、班戈、双湖、改则、日土、普兰。

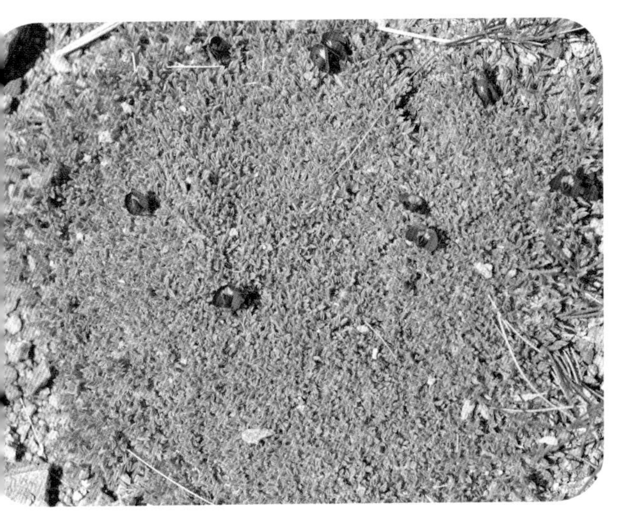

55. 密花黄芪

Astragalus densiflorus Kar. et Kir.

豆科　黄芪属

【主要特征】高 10～40 cm，多年生草本。根粗壮木质，直径约 5 mm。茎直立，基部多分枝，有时分枝的下部埋于土中，露出地面的部分高仅 1～2 cm，疏被白色短柔毛。叶长 2～6 cm；托叶小，近卵状披针形，长约 3 mm，仅边缘疏被毛，彼此在下部连合而抱茎，与叶柄分离；叶柄比叶轴短，疏被白色短柔毛或几无毛；小叶 9～15 枚，矩圆形至条状矩圆形，长 5～28 mm，宽 5～6 mm，顶端圆或钝，基部近楔形，上面无毛，下面密被平伏的短柔毛。总状花序腋生，具多数密生的花；总花梗长 2.5～11 cm，上部密生黑色短柔毛；苞片条状披针形，长 2～3 mm，疏被黑色短柔毛；花萼长约 4 mm，密被黑色短柔毛，萼齿钻状，稍短于萼筒；花冠紫红色；旗瓣长 6～7 mm，瓣片近圆形或矩圆形，基部渐狭为短爪；翼瓣长约 5.5 mm；龙骨瓣长约 5 mm；子房无毛。荚果近球形，长宽均约 3 mm，膨胀，外面密被白色和黑色的长柔毛，有不甚明显的横纹，2 室。花期 7—8 月，果期 8—9 月。

【生境分布】生于海拔 4 000～4 500 m 的山坡草地或砾石山坡。分布于索县、班戈、双湖、革吉、札达、普兰、定日。

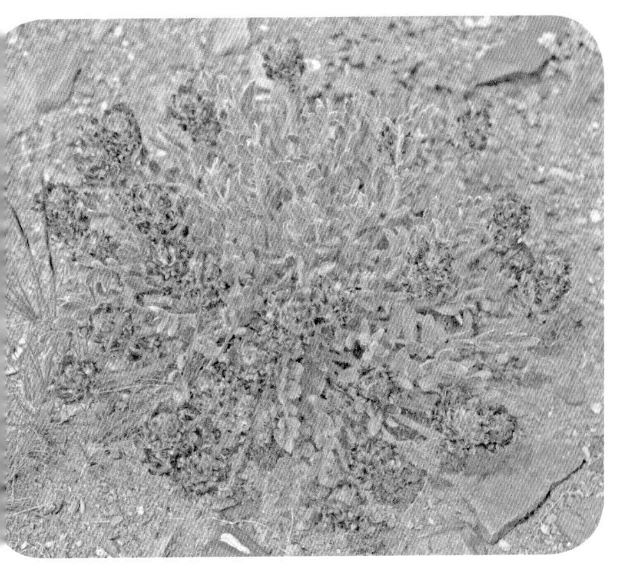

56. 劲直黄芪

Astragalus strictus Grah. ex Benth.

豆科　黄芪属

【主要特征】多年生直立丛生草本。叶柄与叶轴疏被白色与黑色短柔毛；小叶 17～31 枚，狭短圆形、狭椭圆形或披针形，长 5～14 mm，宽 3～6 mm，顶端钝尖或钝，基部圆楔形，上面无毛，下面疏被白色平伏长柔毛。总状花序腋生，有多数密生花冠；总花梗长于叶，有条棱，疏被白色和黑色平伏长柔毛；花萼长 6～7 mm，密被黑色长柔毛，萼齿比萼筒短或近等长；花冠紫红色或蓝紫色；旗瓣长 9～10 mm，瓣片宽卵形或近圆形；翼瓣长 8～9 mm；龙骨瓣长 7～8 mm；子房密被白色或黑色长柔毛，有短柄。荚果矩圆形，下垂，微呈镰形，长 9～10 mm，宽约 3 mm，密被白色和黑色短柔毛，有短柄，1 室，含种子 2～6 粒。

【生境分布】生于河边、路边、河滩砾石地或山坡草地，特别在低海拔的河滩和山脚冲积处生长更为茂盛。分布于当雄、嘉黎、班戈、申扎等。

57. 二花棘豆

Oxytropis biflora P. C. Li

豆科　棘豆属

【主要特征】矮小、疏丛生草本。茎极短缩，木质茎基的分枝高 1～1.5 cm。羽状复叶；托叶草质，基部与叶柄贴生，彼此连合至上部，分离部分三角状卵形，疏被白色和黑色短柔毛；小叶 7～13 枚，矩圆形，长 2.5～4 mm，宽约 1.5 mm，两面密被白色开展的长柔毛。花序梗稍长于叶，密被长柔毛；花通常 2 朵，较少 3 朵，排成总状；花萼长 6～7 mm，密被黑色和白色长柔毛，萼齿与萼筒近等长；花冠白色；旗瓣长 7～9 mm，瓣片宽卵形；翼瓣稍短于旗瓣，顶端微凹；龙骨瓣稍短于翼瓣，顶端的喙长约 0.5 mm；子房密被白色平伏短柔毛，具长柄，子房柄与萼管近等长。荚果未熟，幼时为矩圆状圆柱形，密被白色平伏长柔毛。

【生境分布】生于海拔 5 000 m 的山坡草甸。分布于双湖、申扎、尼玛、改则等。

58. 冰川棘豆

Oxytropis glacialis Benth. ex Bunge

豆科　棘豆属

【主要特征】高 3～17 cm，多年生草本。密丛生茎极短缩。叶长 2～12 cm；托叶白色膜质，密被白色长柔毛，与叶柄基部分离，彼此连合；小叶 9～19 枚矩圆形或矩圆披针形，长 3～10 mm，宽 1.5～3 mm两面密被白色开展的绢质长柔毛。总花梗密被白色和黑色开展的长柔毛；花多数（较少具花 6～10 朵），紧密地排成球状或矩圆状的总状花序；花萼长 4～6 mm外面密被白色或白色与黑色混杂的长柔毛，萼齿比萼筒短；花冠紫红色、蓝紫色，有时白色；旗瓣长 5～9 mm，瓣片几圆形，顶端微凹或几全缘；翼瓣稍短瓣片倒卵状矩圆形或矩圆形，顶端微凹；龙骨瓣与翼瓣近等长，顶端的喙三角形、钻形或微弯成钩状；子房密被毛。荚果卵状球形或矩圆状球形，草质，膨胀，长5～7 mm，宽 4～6 mm，外面密被白色开展的长柔毛和黑色的短柔毛，腹缝线微凹，无隔膜，具短柄。花果期6—9 月。

【生境分布】生于海拔4 500～5 300 m的山坡草地、砾石山坡、河滩砾石地或砂质地。分布于日土、革吉、噶尔、普兰、仲巴、改则、申扎、双湖、班戈、措勤、萨迦、聂拉木、吉隆、定日、拉萨、乃东（泽当）、江孜。

59. 轮叶棘豆

Oxytropis chiliophylla Royle ex Benth.

豆科　棘豆属

【主要特征】高 10～15 cm，多年生草本。矮小密丛生。茎极短缩，基部被宿存的托叶和叶柄所包。轮生羽状复叶，叶长 4～5 cm；托叶披针形，膜质，密被淡黄色长柔毛和腺点，与叶柄基部连合，彼此分离；叶柄与叶轴疏被长柔毛和腺点；小叶多数，轮生，卵形或矩圆形，长 2～3 mm，宽约 1 mm，边缘内卷，两面密被短柔毛和腺点。花 3～6 朵排成矩圆状的总状花序；总花梗短于叶或与叶近等长，密被长柔毛和腺点；苞片卵形或卵状矩圆形，长约 1 cm，密生腺点；花萼长约 1.4 cm，密被白色、黑色的长柔毛和腺点，萼齿长为萼筒的 1/4；花冠紫色；旗瓣长约 2.4 cm，瓣片矩圆形；翼瓣长约 2 cm；龙骨瓣与翼瓣近等长，顶端的喙长约 2 mm；子房密被绢质长柔毛。荚果镰状矩圆形，长 2～3 cm，宽 5～7 mm，有短柄，密被白色或白色与黑色混杂的长柔毛和疣状腺点。

【生境分布】生于海拔 4 500～5 200 m 的山坡碎石地、山顶山坡草地、河滩或湖盆地。分布于噶尔、札达、仲巴、定日、措美、浪卡子、乃东、那曲、班戈、双湖。

60. 镰荚棘豆

Oxytropis falcata Bunge

豆科　棘豆属

【主要特征】高 15～25 cm，多年生草木。密丛生，有恶臭味。茎极短缩，木质而多分枝。托叶膜质，披针形，密被淡黄色长柔毛和腺点，与叶柄基部连合，彼此分离；羽状复叶，小叶对生或互生，25～45 枚，条状披针形，长 6～12 mm，宽 3～4 mm，两面密被长柔毛和腺体，边缘内卷。总花梗长于叶或与叶近等长，疏被长柔毛和腺点；花 6～10 朵，排成近头状的总状花序；花萼长 14～18 mm，密被白色和黑色的长柔毛，密生腺点，萼齿披针形，长为萼筒的 1/3；花冠紫红色，旗瓣长 20～25 mm，瓣片倒披针形；翼瓣稍短于旗瓣，瓣片宽倒卵状矩圆形；龙骨瓣短于翼瓣，顶端的喙长 2～2.5 mm。荚果镰状矩圆形，长 2.5～3.5 cm，宽 6～8 mm，密被长柔毛和疣状腺点，有短柄，腹缝线的隔膜宽 1～2 mm。

【生境分布】生于海拔 4 500～5 200 m 的山坡草地、山坡砾石地或冰河地。分布于嘉黎、班戈、双湖、日土、仲巴。

61. 胀果棘豆

Oxytropis stracheyana Bungc

豆科　棘豆属

【主要特征】高 2～3 cm，垫状草本。深根，基
密被宿存的叶柄和托叶。羽状复叶，叶长 2～3 cm，
叶薄膜质，白色透明，与叶柄背面的一侧彼此连合，
部与叶柄贴生，分离部分三角形，无毛；小叶 5～9 枚
矩圆形，长 3～7 mm，宽 1～2 mm，两面密被银白
绢毛。总花梗长于叶或短于叶，密被绢毛，花 3～6
排成伞形的总状花序；苞片小，卵形，密被绢毛；花
长 12～14 mm，密被白色绢毛，萼齿三角形，长为
筒的 1/5～1/4；花冠粉红色、淡蓝色或紫红色；旗瓣
23～25 mm，瓣片宽卵状矩圆形；翼瓣稍短，瓣片倒
状矩圆形；龙骨瓣短于翼瓣，顶端的喙长约 2 mm；
房密被白色绢质长柔毛，具短柄。荚果卵圆形，长
1.2 cm，膨胀，密被白色绢质长柔毛，腹缝线具狭窄
隔膜。花果期 7—9 月。

【生境分布】生于海拔 3 900～5 200 m 的山坡草地、石灰岩山坡、岩缝、河滩砾石草地或灌丛。分布于札达、普兰、改则、申扎、萨嘎、定日、双湖、班戈、乃东、那曲、安多、八宿。

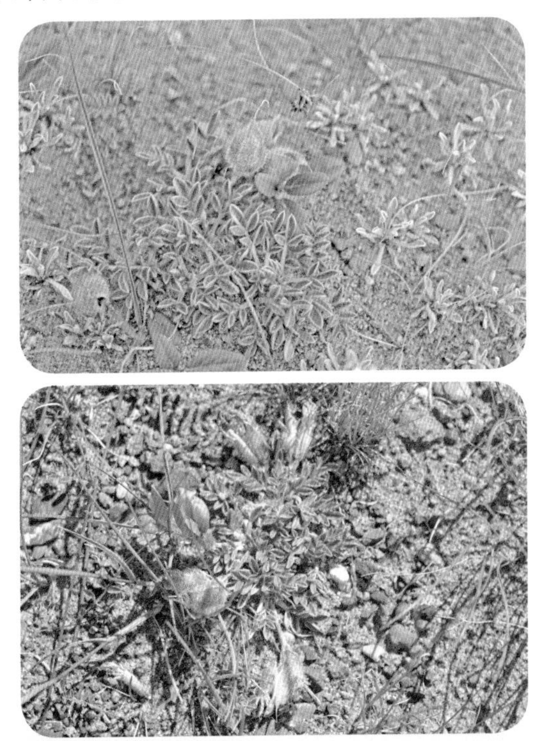

62. 藏豆

Stracheya tibetica Benth.

豆科　藏豆属

【主要特征】多年生矮小、丛生草本。茎极短。小叶 11～19 个，有时 12～20 个，披针状椭圆形，上面无毛，下面密被柔毛；托叶膜质，长约 4 mm，具长柔毛。总状花序短，花 1～5 朵；苞片长 4～5 mm，被柔毛；花梗长 3～4 mm；萼筒长 8 mm，被柔毛，萼齿长约 4 mm；花冠呈红色，有时淡紫色；旗瓣基部具淡黄色的小点，长 15～20 mm；翼瓣比龙骨瓣短；龙骨瓣与旗瓣近等长。荚果长 2～3 cm，具 4 列扁的、三角形或宽三角形、长 2～3 mm 的刺状突起，具隆起的横脉。种子 5，肾形。

【生境分布】生于海拔 4 000～4 800 m 的砾石洪积扇边、沼泽草地、河漫滩砾石地或高原湖泊旁的针茅草地。分布于巴青、索县、隆子、曲水、当雄、亚东、康马、浪卡子、江孜、日喀则、定日、聂拉木、仲巴、那曲、班戈、申扎、措勤、普兰、札达、噶尔。

63. 西藏牻牛儿苗

Erodium tibetanum Edgew.

牻牛儿苗科　牻牛儿苗属

【主要特征】高 10 cm 以下，一年生或二年生草本。枝、叶柄、花梗及萼片均密被灰白色纤细短柔毛无腺毛。叶二至三回复裂，小裂片长不超过 5 mm，宽 0.5～1.5 mm。花梗纤细，长约 1 cm；花瓣粉红色，比萼片略长，长 6～7 mm；成熟心皮长 22～25 mm。花果期 7—9 月。

【生境分布】生于海拔 4 100～4 300 m 的河边砾石地。分布于日土、札达、噶尔。

64. 藏玄参

Oreosolen wattii Hook. f.

玄参科　藏玄参属

【主要特征】叶片大而厚，心形、扇形或卵形，长 2～5 cm，网脉强烈凹陷。花冠黄色，长 1.5～2.5 cm 花期 6 月，果期 8 月。

【生境分布】生于海拔 4 500～5 000 m 的高山草地河滩或旱化草甸。分布于萨迦、仁布、聂拉木、定结亚东、安多、索县。

65. 高山大戟

Euphorbia stracheyi Boiss.

大戟科　大戟属

【主要特征】高 5～10 cm，多年生草木。上部被白色卷曲微柔毛；茎基部被膜质鳞片，自基部多分枝，分枝铺散或上升。叶具极短的柄，互生，椭圆形或倒卵形，长 0.5～1.2 cm，宽 0.3～0.7 cm，先端钝圆或急尖基部楔形。花序基部的叶 3～4 枚轮生，菱状圆形或倒卵形，长 0.5～0.8 cm，宽 0.3～0.8 cm；总苞半球状腺体 4，横长圆形；花柱基部连合，顶端多少头状而全缘。蒴果球形，直径约 3 mm，具细颗粒。种子光滑种阜凸起。花果期 5—9 月。

【生境分布】生于海拔 3 500～5 400 m 的高山草甸分布于左贡、昌都、索县、波密、嘉黎、班戈、亚东定日、聂拉木、吉隆。

66. 匍匐水柏枝

Myricaria prostrata Hook. f. et Thoms. ex Benth.

柽柳科　水柏枝属

【主要特征】高约 10 cm，匍匐灌木呈垫状。叶长圆形至卵状椭圆形，长 1.5～3 mm。花序很短，花（1 2～5 朵；苞片长圆形，顶端钝，长约 2.5 mm，具极狭的膜质边缘；萼片卵状椭圆形，长约 2.5 mm；花瓣倒卵状长圆形至匙形，长 4.5～5.5 mm，粉红色；花丝仅在基部合生乃至合生达中部。蒴果紫红色，长约 8 mm 种子倒卵状长圆形，长约 1.5 mm，种缨长约 5 mm，无柄。花果期 6—8 月。

【生境分布】生于海拔 4 300～5 200 m 的河滩、湖滩或河谷的沙地和砾石地，可成群落的优势种。分布于双湖、班戈、申扎、日土、噶尔、普兰、仲巴、浪卡子、林周、江孜。

67. 狼毒

Stellera chamaejasme L.

瑞香科　狼毒属

【主要特征】高 40～50 cm，直立亚灌木。全株无毛，具粗大的圆锥形木质根。茎自根上成簇发出，直立不分枝。叶在茎基部互生，在茎上部近簇生，叶形的变异极大，线状披针形至椭圆状长圆形，先端尖，基部钝或宽楔形，长 1～3 cm，宽 0.2～0.7 cm，网脉明显近无柄。头状花序多花，着生于茎的顶端，直径 2.5～3.5 cm；花萼长约 1.5 cm，外面紫红色，内面白色，裂，裂片卵状椭圆形，长约 3.5 mm，宽约 2 mm；雄蕊 2 列，着生于萼筒的中部以上；子房椭圆形至长圆形长约 2 mm，顶端被微柔毛；花盘鳞片线形。小坚果黑褐色，为宿存的花萼基部所包被。花期 4—6 月，果期 7—9 月。

【生境分布】生于海拔 3 500～4 600 m 的路边、山坡、草地或高原低丘的沙砾冲积扇地带。分布于亚东江孜。

68. 垫状点地梅

Androsace tapete Maxim.

报春花科　点地梅属

【主要特征】多年生密丛或垫状植物，轮廓呈不规则的半圆球形，暗栗褐色，是由历年生成的莲座状叶丛紧密向上叠生组成多数柱状体平行排列而成，当年生的莲座状叶丛位于柱状体的上端。叶不明显两型，外层卵状披针形或卵形，长 2～3 mm，内层线形或倒窄披针形，与外层叶等长。花单生，埋陷在叶丛中，无花葶或具短花葶；苞片 1，线形。花萼似棱柱状，长 4～5 mm，具明显的 5 棱；花冠白色或粉色，直径 5 mm，喉部紫红色。

【生境分布】生于海拔 4 000～5 000 m 的山坡河谷阶地、裸露的砂质岩石或平缓山顶。分布于昌都、拉萨、定日、聂拉木、白朗、亚东、浪卡子、吉隆、那曲等。

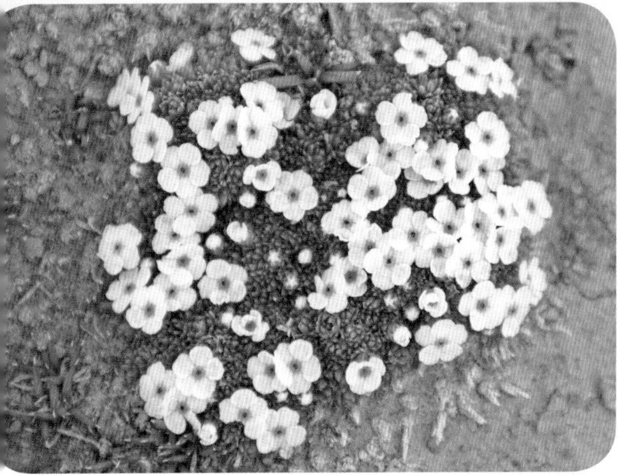

69. 禾叶点地梅

Androsace graminifolia C. E. C. Fisch.

报春花科　点地梅属

【主要特征】多年生丛生草本。由 2 至数个莲座状叶丛紧密联结而成，叶丛直径 2～4 cm；每个叶丛外残存枯老叶片，新叶线形或线状披针形，长 1～2 cm，两面无毛，边缘半透明软骨质，先端具小尖头。花葶 1 至少数，高 1～3 cm；伞形花序密集，呈头状；苞片宽披针形或披针形，长约 5 mm，具软骨质边缘；花梗短，长 3～4 mm；花萼杯形或钟形，长约 3 mm；花冠紫红色，直径 4～5 mm。花期 6—8 月。

【生境分布】生于海拔 3 800～4 900 m 的干旱山坡、阶地或冲积扇草丛。分布于墨竹工卡、工布江达、拉萨、南木林、林周、仁布、聂拉木、萨嘎、那曲、仲巴。

70. 束花粉报春

Primula fasciculata Balf. f. et Ward

报春花科　报春花属

【主要特征】高 1.5～6 cm，多年生小草本。全株无粉。叶片长圆形至椭圆形，长 5～30 mm，宽 3～10 mm，先端圆形，基部圆形至阔楔形，全缘，鲜时稍带肉质；叶柄具狭翅，比叶片长 1～3 倍。花葶不发育，花单朵，自基部抽出，具 2～6 cm 长的花梗，无苞片；或花葶高达 2.5 cm，花 1～6 朵生于花葶端；花梗长 1.5～3 cm；苞片线形，长 8～10 mm，基部不突起花萼筒状，长 4～6 mm，明显具 5 棱，分裂达全长的 1/3～1/2，裂片狭长圆形或三角形；花冠红色，喉部周围黄色，具环，筒部略长于花萼；冠檐直径 1～1.5 cm，裂片倒心形，顶端深 2 裂；长花柱花，雄蕊着生于冠筒中上部，略高于花萼，花柱略伸出冠筒口短花柱花，雄蕊着生于冠筒顶部，花柱与花萼等长蒴果筒状，比花萼长 1～1.5 倍。花期 6 月。

【生境分布】生于海拔 4 200～4 550 m 的湿草甸或砾石冲积扇。分布于芒康、江达、昌都、那曲。

71. 架棚

Ceratostigma minus Stapf ex Prain

白花丹科　蓝雪花属

【主要特征】高 0.5～1 m，小灌木。茎、枝圆形（幼枝具棱），木质，被羽状糙伏毛夹以星状柔毛芽鳞基部宿存。叶片倒卵形至匙形，几无柄，长 0.5 3.5 cm，宽 1～2 cm，顶端钝或急尖，常具短尖头，缘有刺状缘毛，叶片正面无毛或疏被糙伏毛（有时短糙毛），背面被糙毛，两面常布满白色钙质鳞片。状花序顶生及腋生；外苞片卵形，长 2～4.5 mm，龙骨被糙伏毛，边缘具缘毛；内苞片长圆形，长 4.2 5 mm；萼长 6～9 mm，裂片长 5.8～6.6 mm，边缘色；花冠蓝色，长 1.4～1.7 cm。花期 5—11 月，花见果。

【生境分布】生于海拔 3 700～4 400 m 的湖滨、坡草地或路旁。分布于昂仁、亚东、错那、浪险、宿、江达、类乌齐、边坝等。

72. 麻花艽

Gentiana straminea Maxim.

龙胆科　龙胆属

【主要特征】高 10～35 cm，多年生草本。根粗壮棕色，颈部密被纤维状枯存叶柄。茎 3～5 个丛生，黄色，斜上升。莲座叶丛，叶片宽披针形或卵状椭形，长 6～20 cm，宽 0.8～4 cm，先端渐尖，基部渐狭叶脉 5 条，明显；茎生叶线状披针形，长 2.5～8 cm宽 0.5～1 cm，向上部渐小，先端渐尖，基部渐狭，脉 1～3 条，明显。聚伞花序顶生和腋生；总花梗9 cm，小花梗长至 4 cm；花萼筒一侧开裂呈佛焰苞状长 15～28 mm，萼齿 2～5 个，极小，不整齐，齿状钻形；花冠黄绿色或淡黄色，上部具绿色斑点，筒漏斗形，长（2.5）3.5～4 cm，裂片卵形或卵状三角形长 5～6 mm，先端钝，褶偏斜，三角形，长 2～3 mm全缘或边缘啮蚀形；雄蕊着生于冠筒中下部，花丝形。蒴果内藏，狭椭圆形，与花冠等长，柄长 2～3 mm种子深褐色，长圆形，长 1.1～1.3 mm，表面具细网纹花果期 7—9 月。

【生境分布】生于海拔 2 600～4 950 m 的河滩、高草甸、灌丛或林下。分布于江达、昌都、八宿、类乌、那曲、安多、巴青、南木林。

73. 云雾龙胆

Gentiana nubigena Edgew.

龙胆科　龙胆属

【主要特征】高 6～10 cm，多年生草本。茎低矮直立，不分枝。叶大部分基生，叶片线状椭圆形，对折，长 2～6 cm，宽 7～9 mm，先端钝；叶柄白膜质，长 2～3.5 cm；茎生叶 1～2 对，与基生叶相似但较小，长 2～3.5 cm，宽 4～6 mm。花 1～3 朵，生；无花梗或花梗短；花萼长 1.4～1.7 cm，裂片直立稍不整齐，披针形或狭长圆形，长 4～5.5 mm，先钝；花冠淡黄色或黄绿色，具蓝色条纹，漏斗形，4～4.5 cm，裂片宽卵形，长 3～3.5 mm，先端钝圆褶偏斜，截形，边缘具不明显波状齿；雄蕊着生于筒中部，花丝钻形。蒴果内藏，宽披针形，长 1.8～2.2 cm，柄长 1.7～2 cm。种子褐色，宽长圆形或近形，长 1.5～2 mm，表面具泡沫状网纹。花果期 8～9 月。

【生境分布】生于海拔 4 800～5 300 m 的高山草或流石滩。分布于安多、比如、加查、尼木。

74. 蓝玉簪龙胆

Gentiana veitchiorum Hemsl.

龙胆科　龙胆属

【主要特征】高 5～10 cm，多年生草本。茎多数
生，自莲座叶丛的外侧发出，铺散，斜上升，光滑或
糙毛。莲座叶丛发达，叶片线状披针形，长 2～5.5 cm
宽 2～5 mm，先端渐尖，边缘粗糙；茎生叶多对，先
钝，边缘粗糙，叶柄膜质，背面具乳突，下部叶卵形
椭圆形，长 2.5～7 mm，宽 2～4 mm，中部叶椭圆形
狭椭圆形或椭圆披针形，长 7～13 mm，宽 3～4.5 mm
上部叶线状椭圆形或线状披针形，长 10～15 mm，
2～4 mm。花单生茎顶，基部包于上部叶中；无花梗
花萼长 1.8～2.2 cm，裂片与上部叶同形，但较小，
6～11 mm；花冠常闭合，上部蓝色或深蓝色，具黄
色条纹，下部黄绿色，具蓝色条纹和斑点，漏斗形或
漏斗形，长 4～6 cm，裂片卵状三角形，长 4～7 mm
先端急尖，褶宽卵形，长 2.5～3.5 mm，边缘啮蚀形
雄蕊着生于冠筒下部，花丝钻形，下部连合成短筒。

果内藏，椭圆形或椭圆状卵形，长约 1.5 cm，柄极长。种子黄褐色，长圆形，长 1～1.3 mm，表面具泡沫状网纹。花果期 8—10 月。

【生境分布】生于海拔 3 250～4 700 m 的山坡草地、草甸、河谷或灌丛。分布于江达、芒康、左贡、八宿、隆子、泽当、林周、南木林。

75. 圆齿褶龙胆

Gentiana crenulatotruncata (Marq.) T. N. Ho

龙胆科　龙胆属

【主要特征】高 2～3 cm，一年生草本。茎黄绿色，光滑，基部有少数分枝或不分枝。叶片倒卵形或倒卵状匙形，长 3～6 mm，宽 1.5～2.5 mm，越向茎上部叶越大，先端圆形，边缘膜质，狭窄，平滑，两面光滑，中脉在下面稍突起；叶柄光滑，连合成长 1～1.5 mm 的筒；基生叶少，在花期枯萎，宿存；茎生叶 2～3 对，贴生在茎上，覆瓦状排列。花数朵，单生于小枝顶端；近无花梗；花萼筒状或筒状漏斗形，长为花冠的 3/4，长（9）12～15 mm，萼筒上部草质，下部膜质，裂片三角形，长 2～3 mm，先端钝，边缘膜质，平滑，中脉在背面高高突起呈龙骨状，并向萼筒下延成狭翅，弯缺狭，截形；花冠深蓝色或蓝紫色，宽筒形，长（10）16～22 mm，裂片卵形，长 1.5～1.7 mm，先端钝，褶卵形，长 1～1.2 mm，先端截形，啮蚀状或 2 裂；雄蕊着生于冠筒上部或中上部，不整齐或近整齐，长 2～3.5 mm，花药矩圆形，长 0.8～1 mm；子房椭圆形，长

~7 mm，两端渐狭，柄长 2～3 mm，花柱线形，连柱头长 1～1.5 mm，柱头 2 裂，裂片矩圆形。蒴果内藏，稀外露，狭矩圆形，长 8～10 mm，两端钝或基部渐狭，边缘无翅，柄长 5～6 mm，稀长至 20 mm。种子褐色，狭矩圆形，长 0.8～1.1 mm，表面具细网纹，一端具翅。花果期 5—9 月。

【生境分布】生于海拔 2 700～5 300 m 的高山草甸、高山碎石带、山坡沙质地、山顶裸露地、山沟草滩或湖边沙质地等。分布于班戈、申扎、尼玛等。

76. 蓝钟花

Cyananthus hookeri C. B. Cl.

桔梗科　蓝钟花属

【主要特征】一年生草本。茎通常数条丛生，近直立或上升，长3.5～20 cm，疏生开展的白色柔毛，基部生淡褐黄色柔毛或无毛，有短分枝，分枝长1.5～10 cm。叶互生，花下数枚常聚集呈总苞状；叶片菱形菱状三角形或卵形，长3～7 mm，宽1.2～4 mm，先端钝，基部宽楔形，突然变狭成叶柄，边缘有少数钝牙齿，有时全缘，两面被疏柔毛。花小，单生茎和分枝顶端，无梗；花萼卵圆状，长3～5 mm，外面密生淡褐黄色柔毛，或完全无毛，裂片（3）4（5）枚，三角形，两面生柔毛，为筒长的1/3～1/2；花冠紫蓝色，筒状，长7～10(15)mm，外面无毛，内面喉部密生柔毛裂片（3）4（5），倒卵状矩圆形，顶端生3根或4根褐黄色柔毛；雄蕊4枚；花柱达花冠喉部以上，柱头4裂。蒴果卵圆状，成熟时露出花萼外。种子长卵圆状长约1.2 mm，宽约0.4 mm。花期8—9月。

【生境分布】生于海拔2 700～4 700 m的山坡草地路旁或沟边。分布于南木林、隆子、索县、巴青、墨竹工卡等。

77. 四数獐牙菜

Swertia tetraptera Maxim.

龙胆科　獐牙菜属

【主要特征】高 5～30 cm，一年生草本。主根粗黄褐色。茎直立，四棱形，棱上有宽约 1 mm 的翅，下部直径 2～3.5 mm，从基部起分枝，枝四棱形；基部分枝较多，长短不等，长 2～20 cm，纤细，铺散或斜升；中上部分枝近等长，直立。基生叶（在花期枯萎与茎下部叶具长柄，叶片矩圆形或椭圆形，长 0.9～3 cm，宽 1～1.8 cm，先端钝，基部渐狭成柄，叶质薄叶脉 3 条，在下面明显，叶柄长 1～5 cm；茎中上部叶无柄，卵状披针形，长 1.5～4 cm，宽 1.5 cm，先端急尖，基部近圆形，半抱茎，叶脉 3～5 条，在下面较明显；分枝的叶较小，矩圆形或卵形，长不超过 2 cm 宽在 1 cm 以下。圆锥状复聚伞花序或聚伞花序多花稀单花顶生；花梗细长，长 0.5～6 cm；花 4 朵，大小相差甚远，主茎上部的花比主茎基部和基部分枝上的花大 2～3 倍，呈明显的大小 2 种类型；大花的花萼绿色叶状，裂片披针形或卵状披针形，花时平展，长 6～8 mm，先端急尖，基部稍狭缩，背面具 3 脉；花冠黄绿色，有时带蓝紫色，开展，异花授粉，裂片卵形，长~12 mm，宽约 5 mm，先端钝，啮蚀状，下部具 2 个腺窝，腺窝长圆形，邻近，沟状，仅内侧边缘具短裂片状流苏；花丝扁平，基部略扩大，长 3~3.5 mm，花药黄色，矩圆形，长约 1 mm；子房披针形，长 4~5 mm，花柱明显，柱头裂片半圆形；蒴果卵状矩圆形，长 0~14 mm，先端钝；种子矩圆形，长约 1.2 mm，表面平滑。小花的花萼裂片宽卵形，长 1.5~4 mm，先端钝，具小尖头；花冠黄绿色，常闭合，闭花授粉，裂片卵形，长 2.5~5 mm，先端钝圆，啮蚀状，腺窝常不明显；蒴果宽卵形或近圆形，长 4~ mm，先端圆形，有时略凹陷；种子较小。花果期 7— 月。

【生境分布】生于海拔 2 000~4 000 m 的潮湿山坡、河滩、灌丛或疏林。分布于班戈、安多、申扎、尼玛、改则等。

78. 铺散肋柱花

Lomatogonium thomsonii (C. B. Clarke) Fern.

龙胆科　肋柱花属

【主要特征】高 5～15 cm，一年生草本。茎从基部起多分枝，铺散，常紫红色。基生叶狭长圆状匙形或狭椭圆形，长 10～15 mm，宽 2.5～3 mm，先端钝，边缘微粗糙，基部渐狭成柄；茎生叶无柄，椭圆形或椭圆状披针形，长 3～6 mm，宽 2～3 mm，先端钝。花单生分枝顶端，辐射状；花梗纤细，长达 6.5 cm；花萼长为花冠的 1/2，萼筒极短，裂片椭圆形，长 4.5～6 mm，先端钝；花冠蓝色，冠筒长约 3 mm，裂片宽椭圆形，长 8～10 mm，先端钝，基部具 2 个边缘有裂片状流苏的腺窝。蒴果椭圆状披针形。种子褐色，圆球形，长 0.5～0.6 mm，表面平滑，具光泽。花果期 8–9 月。

【生境分布】生于海拔 3 700～5 200 m 的河滩、沼泽草地、高山草甸或湖边草甸。分布于日土、札达、革吉、普兰、改则、当雄、昂仁、拉孜、日喀则、亚东、定日。

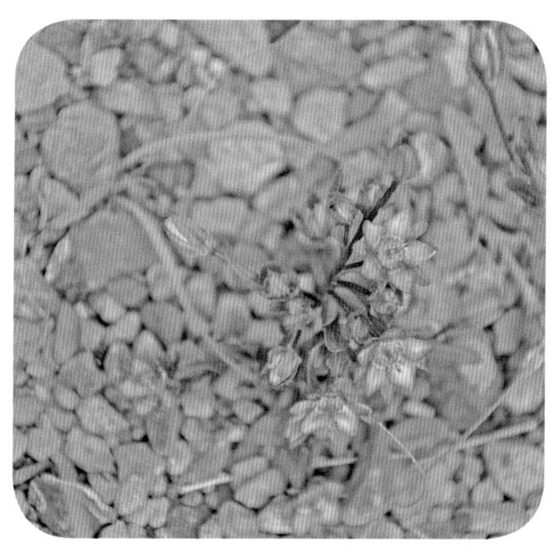

79. 垫状棱子芹

Pleurospermum hedinii Diels

伞形科　棱子芹属

【主要特征】高 4～5 cm，多年生莲座状草本。茎粗壮，肉质。基生叶狭长椭圆形，二回羽状分裂，长 1.5～5 cm，宽 0.8～1.5 cm，末回裂片倒卵形或匙形，长 1～2.5 mm；叶柄扁，长 2～4 cm，基部微加宽。复伞形花序顶生，直径 3～9 cm；总苞片多数，叶状；伞辐多数，不等长，外面的长 2～3 cm；小总苞片 5～12，倒卵形或倒披针形，长 4～8 mm，顶端不裂或微羽状分裂；花瓣淡红色至白色；花柄多数，长 1～2 mm。分生果卵形至宽卵形，长 4～5 mm，表面有泡状突起；果棱宽翅状；每棱槽内油管 1，合生面油管 2。花期 7—8 月，果期 9 月。

【生境分布】生于海拔 4 600～5 200 m 的山坡草地。分布于安多、乃东、那曲、尼木、双湖、定日、萨嘎、仲巴、普兰。

80. 宽叶栓果芹

Cortiella caespitosa Shan et Sheh

伞形科 栓果芹属

【主要特征】多年生细小草本。老株根颈上端呈指状分叉，根圆锥形，有时有支根。无茎。基生叶多数，叶柄短，扁平，光滑无毛，基部具宽阔叶鞘，边缘膜质；叶片外廓长圆形；长 2～2.5 cm，宽 0.5～1 cm，二回羽状分裂或全裂，末回裂片长卵形或椭圆形，长 2～5 mm，宽 1～1.5 mm，先端圆钝，很少尖锐，质厚。伞形花序从基部抽出，比叶短或近等长；总苞片 2～4，羽状分裂，与叶同形；小总苞片 4～8，线形，长 3～5 mm，宽 0.3 mm，不分裂；花瓣卵形或椭圆形，白色微带紫红色，中脉显著，紫褐色，小舌片微曲；花柄粗壮；萼齿三角形，先端长渐尖；花柱短粗，直立，花柱基无或呈扁压状。果实圆形略带方形，长 6 mm，宽 5.5 mm，黄白色，5 条棱均扩展成宽翅，成熟时翅宽 1～1.2 mm；每棱槽内油管 1，合生面油管 2。花期 月，果期 9—10 月。

【生境分布】生于海拔 4 900～5 200 m 的高山砾石草甸。分布于尼木。

81. 裂叶独活

Heracleum millefolium Diels

伞形科　独活属

【主要特征】高 5～30 cm，多年生草本。有柔毛根状茎，长约 20 cm，棕褐色，颈部被有褐色叶鞘维。茎直立，分枝，下部叶有柄，长 1.5～9 cm，叶披针形，长 2.5～16 cm，宽 2.5 cm，三至四回羽状裂，末回裂片线形或披针形，长 0.5～1 cm，先端尖茎生叶逐渐短缩。复伞形花序顶生和侧生，花序梗20～25 cm；总苞片 4～5，披针形，长 5～7 mm；伞7～8，不等长；小总苞片线形，有毛；花白色；萼细小。果实椭圆形，长 5～6 mm，直径约 4 mm，有毛；每棱槽内油管 1，合生面油管 2；其长度为分生长度的 1/2 或略超过；分生果的背部极扁，棱较细。

【生境分布】生于海拔 3 800～5 000 m 的山坡草地山顶或砾石沟谷草甸。分布于贡觉、丁青、比如、曲、班戈、申扎、双湖、错那、乃东、拉萨、南木林札达等。

82. 半球齿缘草

Eritrichium hemisphaericum W. T. Wang

紫草科　齿缘草属

【主要特征】高 3～5 cm，多年生草本。茎多数紧密簇生，呈半球状。叶长匙形或倒卵状长圆形，长 1～2 cm，宽 0.2～0.4 cm，上面密被白色柔毛，下面无毛或仅先端疏生短毛，叶缘生睫毛。花 1 朵或 2 朵顶生，仅达半球体表面；萼片卵形或阔卵形，外面被毛，内面近无毛，边缘密生睫毛；花冠蓝色，钟状筒形，长约 2 mm，筒长约为裂片的 2 倍，裂片圆形或近圆形，长约 0.7 mm，宽 0.5～0.7 mm，附属物不明显或呈疣突状；花药长圆形。小坚果两面体型，除棱缘翅外，长 1.2～1.5 mm，宽 0.8～1 mm；背面卵形，中肋明显，密生微毛，腹面具龙骨状突起，无毛，着生面位于中部；棱缘刺向背面弯曲，其上生有不整齐的小刺毛，基部连合形成宽翅，先端不具锚钩。花果期 7—8 月。

【生境分布】生于海拔 4 900～5 750 m 的洪积坡碎石坡或老火山岩石堆。分布于仲巴、日土、双湖。

83. 西藏微孔草（原变种）

Microula tibetica Benth. var. *tibetica*

紫草科　微孔草属

【主要特征】茎高约 1 cm，自基部有多数分枝枝端生花序，疏被短糙毛或近无毛。叶匙形，长 3~13 cm，宽 0.8～2.8 cm，基部渐狭成柄，边缘近全缘有波状小齿，上面稍密被短糙伏毛，两面均散生具盘的短刚毛。花序不分枝或分枝；苞片线形或长圆线形，长 2～20 mm，两面有短毛，上面还有短刚毛花梗长 0.8 mm 以下，果期长约 5 mm，下垂；花萼约 1.5 mm，5 深裂，外面疏被短柔毛；花冠蓝色或色，直径 3.2～4 mm，无毛，筒部长约 1.2 mm。小坚卵形或近菱形，长 2～2.5 mm，宽 1.6～2 mm，有小状突起，突起顶端有锚状刺毛，无背孔，着生面位于面中部或中部之上。花期 7—9 月。

【生境分布】生于海拔 4 500～5 300 m 的山坡草地河滩、沙滩或流石滩。分布于安多、那曲、班戈、则、双湖、日土、噶尔、普兰、吉隆、昂仁、仲巴、木林、萨嘎、错那。

84. 白苞筋骨草（原变种）

Ajuga lupulina Maxim. var. *lupulina*

唇形科　筋骨草属

【主要特征】高 18～25 cm，多年生草本。具地下茎，茎粗壮，直立，沿棱及节上被具节长柔毛。叶柄具狭翅，基部抱茎，边缘具缘毛；叶片披针状长圆形，长 5～11 cm，宽 1.8～3 cm，先端钝或稍圆，基部楔形下延，边缘疏生波状圆齿或几全缘，具缘毛，上面无毛或被极少的疏柔毛，下面仅叶脉被长柔毛或仅近顶端有星散疏柔毛。花序穗状；苞叶大，白黄或绿紫色，卵形或阔卵形，长 3.5～5 cm，先端渐尖，全缘，上面被长柔毛，下面仅叶脉或顶端被疏柔毛；花萼钟状，长 7～9 mm，具 10 脉，萼齿 5，近相等；花冠白、白绿或白黄色，具紫斑，长 1.8～2.5 cm，冠筒内面具毛环，冠檐二唇形，上唇小，2 裂，下唇延伸，中裂片狭扇形微凹。小坚果倒卵状或倒卵长圆状三棱形，背部具网状皱纹，合生面约为腹面的 1/2。

【生境分布】生于海拔 3 600～4 700 m 的高山草地或陡坡石缝。分布于江达、那曲、安多、察雅、贡觉、昌都、类乌齐、比如、加查、八宿、墨脱。

85. 白花枝子花

Dracocephalum heterophyllum Benth.

唇形科　青兰属

【主要特征】茎高 10～15（30）cm，密被倒向白
小毛。茎下部叶具长柄，柄长 2.5～6 cm，叶片宽卵形
或长卵形，长 1.3～4 cm，宽 0.8～2.3 cm，先端钝或
形，基部心形，下面疏被短柔毛或几无毛，边缘被短
毛并具浅圆齿。轮伞花序，花 4～8 朵，生于茎上部
腋，长 4.8～11.5 cm；苞片较花萼稍短或为其 1/2，
卵状匙形，疏被小毛及短睫毛，边缘每侧具 3～8 个
齿，齿具长刺；花萼长 15～17 mm，外面疏被短柔毛
边缘具短睫毛，2 裂几至中部，上唇 3 裂至本身长度的
1/3 或 1/4，齿几等大，三角状卵形，先端具刺，下唇
裂至本身长度的 2/3，齿披针形，先端具刺；花冠白色
长（1.8）2.2～3.4（3.7）cm，外面密被白色或淡黄
短柔毛，二唇近等长；雄蕊无毛。

【生境分布】生于海拔 3 900～5 100 m 的高山草地
洪积扇或河滩沙地。分布于札达、噶尔、普兰、日土
申扎、聂拉木、仲巴、吉隆、双湖、改则、那曲、
戈、江孜、八宿、左贡、类乌齐、丁青、康马、拉萨
定结、昂仁、萨迦、萨嘎、措美、错那。

86. 马尿泡

Przewalskia tangutica Maxim.

茄科　马尿泡属

【主要特征】高20～35 cm，多年生草本。有
毛。根粗壮，肉质，具侧根，主根直径2～3 cm。
在茎下部鳞片状，在茎上部密集，草质，铲形、长
圆形、长椭圆状倒卵形或狭披针形，通常连叶柄长5～
20（30）cm，宽2～4 cm，全缘或微波状。花1～3
生于叶腋；花梗长约5 mm；花萼长10～14 mm，直
3～5 mm，5浅裂，花后极度增大呈膀胱状而包围果实
花冠檐部黄色，筒部紫色，长2.5 cm，5浅裂，外面
生短腺毛；雄蕊5；花柱伸出或不伸出花冠。蒴果
形，直径约1 cm，自近中部盖裂，被宿萼包围，宿
长8～13 cm，具明显凸起的网纹，顶端平截，不闭合
花果期5—10月。

【生境分布】生于海拔3 200～5 200 m的高山砾
地或干旱草原。分布于江达、朗县、加查、拉萨、
木、聂拉木、萨嘎、仲巴、索县、嘉黎、洛隆、那曲
班戈。

87. 肉果草

Lancea tibetica Hook. f. et Thoms.

玄参科　肉果草属

【主要特征】高3～5（10）cm，多年生矮小草本。仅叶柄有疏毛，其余无毛。根状茎细长，长4～6（10）cm，横走或向下伸长，节上有1对鳞片，并发出多数纤维状须根。叶片6～10，莲座状，或对生于极短的茎上，倒卵形至倒卵状长圆形或匙形，纸质或稍近革质，长2～5（6）cm，端钝，常有小凸尖，基部渐狭成有翅的短柄，边全缘或有不明显的疏齿。花3～5朵簇生或伸长成总状花序，有短柄；苞片长5～6 mm，钻状披针形；花萼钟状，长6～10 mm，近革质，萼齿三角状卵形；花冠深蓝色或紫色，长1.5～2.5 cm，喉部黄色，或有紫色斑点，花冠筒比唇部略长，上唇直立下唇开展。果实红色或深紫色，端有突尖，被包于宿存的花萼内，长约1 mm。花果期6—9月。

【生境分布】生于海拔3 700～4 700 m的山坡、河滩、湖边、林间、山麓或山沟草地。分布于札达、班戈、嘉黎、索县、察雅、芒康、类乌齐、江达。

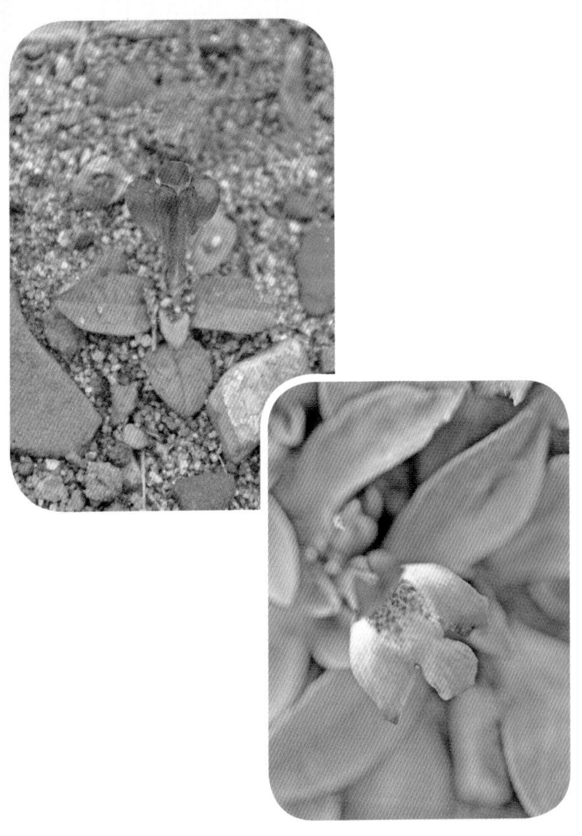

88. 短穗兔耳草

Lagotis brachystachya Maxim.

玄参科　兔耳草属

【主要特征】高 4～8 cm，多年生矮小草本。根多数，簇生，线形，肉质，长 10 cm；根颈外面被密集的纤维状老叶柄形成的鞘包裹；匍匐茎淡紫红色，长约 40 cm。叶全部基生，叶柄长（0.5）1～2（3）cm，下部宽而有翅；叶片线状披针形，长 1～5（6）cm，全缘。花葶多数，直立或倾卧，高度不超过叶；穗状花序长约 1 cm，花密集；花萼 2 裂，片状，后方开裂至 1/3 处，比苞片小；花冠白色、粉红色或紫蓝色，长约 5 mm，花冠筒伸直，与花萼及唇部等长，上唇全缘，卵圆形，下唇 2 裂；雄蕊较花冠稍短；花柱伸出花冠，柱头头状。果实卵圆形，长约 7 mm，光滑。花期 6—7 月，果期 8—9 月。

【生境分布】生于海拔 3 900～5 150 m 的高山草原、雪山沟谷、河滩或湖边草地。分布于昌都、八宿、左贡、林周、申扎、班戈、双湖、措勤、那曲、索县、康马、吉隆、定日。

89. 甘肃马先蒿

Pedicularis kansuensis Maxim.

玄参科　马先蒿属

【主要特征】高 40 cm 以上，一年或二年生草本干时不变黑，体多毛。根垂直向下，不变粗，或在极然的情况下多少变粗而肉质，有时有纺锤形分枝，少数横展侧根。茎常多条自基部发出，中空，多少棱形，草质，直径 3.5 mm。叶基出者常长久宿存，长柄 25 mm，有密毛，茎叶柄较短，4 枚轮生，叶长圆形，锐头，长 3 cm，宽 14 mm，偶有卵形、20 mm 以上者，羽状全裂，裂片约 10 对，披针形，者 14 cm，羽状深裂，小裂片具少数锯齿，齿常有胼而反卷。花序长 25 cm 或更多，花轮极多而均疏距；萼下有短梗，膨大，亚球形，前方不裂，膜质，主脉显，齿 5 枚，不等，三角形而有锯齿。花冠紫红色。果斜卵形。花果期 6—9 月。

【生境分布】生于海拔 2 500～4 600 m 的山坡草地河谷、云杉林下或灌丛中。分布于丁青、索县、巴青江达、贡觉、类乌齐、八宿、察隅、拉萨、昌都、工江达等。

90. 斑唇马先蒿

Pedicularis longiflora Rudolph var. tubiformis (Klotz.) Tsoon

玄参科　马先蒿属

【主要特征】高5～20 cm，低矮草本。干时稍变黑色，被疏毛。根单一或多数束生，细圆锥形，长15 cm。茎多粗短。叶基出与茎生，常成密丛；叶柄在基叶中较长，长1～2.5 cm，下部膜质扩大，有疏长缘毛；叶片披针形或狭长圆形，长1～3.5 cm，羽状浅裂至全裂，裂片5～9对，具有胼胝而常反卷的重锯齿。花均腋生；花梗长5～10 mm；花萼管状，长11～14 mm，前方开裂约至2/5，有细缘毛，齿2枚；花冠黄色，长4～7 cm，管外有毛，喙长约6 mm，半环状卷曲，下唇宽过于长，宽17 mm，有长缘毛，中裂较小，约向前凸出1/2，近喉处有棕红色的斑点2个；花丝有密毛。蒴果披针形，长约2 cm。花果期5—10月。

【生境分布】生于海拔2 700～5 300 m的高山草甸、沼泽、湖边、河谷及溪流两旁或云杉林缘。分布于日土、噶尔、普兰、仲巴、萨嘎、吉隆、定日、定结、亚东、江孜、南木林、萨迦、昂仁、拉萨、乃东、米林、林芝、错那、察隅、八宿、聂荣、申扎、改则、昌都、江达（岗拖）、类乌齐等。

91. 藏波罗花

Incarvillea younghusbandii Sprague

紫葳科　角蒿属

【主要特征】高10～20 cm，矮小宿根草本。无茎。根肉质，粗壮；粗6～11 mm。叶根生，平铺于地上，一回羽状复叶；叶轴长3～4 cm；顶生小叶卵圆形至圆形，较大，长和宽为3～5（7）cm，顶端圆或钝，基部心形，侧生小叶2～5对，卵状椭圆形，长1～2 cm，宽约1 cm，上面粗糙，具泡状隆起，有钝齿，近无柄。花单生或3～6朵着生于叶腋中抽出缩短的总梗上；花梗长6～9 mm；花萼钟状，无毛，长8～12 mm，口部直径约4 mm，萼齿5，不等大，平滑，长5～7 mm；花冠细长，漏斗状，长4～5（7）cm，基部直径3 mm，中部直径8 mm，花冠筒橘黄色，花冠裂片开展，圆形；雄蕊4，着生于花冠筒基部，2强，花药"丁"字形着生，在药隔的基部有1针状距，长约1 mm，膜质，药室纵向开裂；雌蕊的花柱由花药抱合，并远伸出于花冠之外，长约4 cm，柱头扇形，薄膜状，2片开裂，子房2室，棒状，胚珠在每一胎座上1～2列。蒴果近于木质，弯曲或新月形，长3～4.5 cm，具4棱，顶

端锐尖，淡褐色，2瓣开裂。种子2列，椭圆形，长
mm，宽2.5 mm，下面凸起，上面凹入，近黑色，具不
明显细齿状周翅及鳞片。花期5—8月，果期8—10月。

【生境分布】生于海拔（3 600）4 000～5 000（5 400）m
的高山草甸或山坡砾石垫状灌丛。分布于拉萨、那曲、
班戈、索县、比如、仲巴、错那、普兰、定结、聂拉
木、定日、改则。

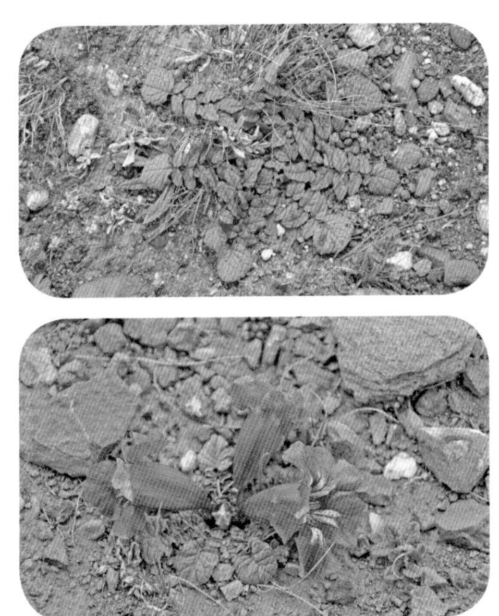

92. 平车前（原亚种）

Plantago depressa Willd. subsp. *depressa*

车前科　车前属

【主要特征】高 5～20 cm，多年生草本。有圆柱状直根。叶基生，直立或平铺，椭圆形、椭圆状披针形或卵状披针形，长 4～11 cm，宽 1～4 cm，先端钝或短渐尖，基部楔形，渐狭成叶柄，上面绿色，下面黄绿，初时两面被白色柔毛，后极疏被柔毛或变无毛，纵脉 5～7 条；叶柄长 1.5～4 cm，基部有宽叶鞘及叶鞘残余。花葶少数，弧曲，长 4～17 cm，疏生柔毛；穗状花序，长 4～10 cm，顶端花密集，下部花较稀疏；苞片三角状卵形，长约 2 mm，具绿色龙骨状突起；花萼裂片椭圆形，长约 2 mm，具十分突出的龙骨状突起花冠裂片极小，椭圆形或卵形，顶端有浅齿；雄蕊稍超出花冠。蒴果圆锥形，长约 3 mm，棕褐色。种子 5长圆形，长约 1.5 mm，黑棕色。花期 7—8 月，果期9 月。

【生境分布】生于海拔3 400～4 500 m的山坡草地、灌丛、盐生沼泽、河滩草地或路边。分布于丁青、昌都、左贡、八宿、芒康、拉萨、江孜、亚东、吉隆、普兰。

93. 青海刺参

Morina kokonorica Hao

川续断科　刺续断属

【主要特征】高约 80 cm，多年生草木。根肉质粗壮，直径 2.5 cm，其上有 1 段或长或短的根状茎，外面被褐色、裂成纤维状的枯死叶鞘包裹。不育叶丛的叶和花茎上的叶基本同形，花茎上的叶 3～4 枚轮生，倒披针形，长 6～20 cm，宽 1～2.5 cm，不规则羽状浅裂，裂片具不规则齿，齿尖有硬刺。轮伞花序 4～8 轮，组成间歇穗状花序；副萼筒状，长约 7 mm，具 12～14 条长短不齐的硬刺；花萼筒状，花筒长 4～7 mm，具 2 枚再度深裂的裂片，裂片长圆状披针形，长 6～7 mm，顶端尖或具尖刺；花冠筒状，白绿色、白色至黄白色，外被倒向微毛，全长约 8 mm，不伸出花萼之外，裂片 5，二唇形；发育雄蕊 2，位于花冠筒上部，花丝短而有柔毛，2 药室不等长，不育雄蕊 2，位于近花冠筒基部。果倒卵形，略扁，一面平而有一沟，一面略圆凸，上端有短喙；果时副萼筒部增大长达 11 mm，花萼并不显著增大。花果期 6—9 月。

【生境分布】生于海拔 3 400～4 900 m 的山坡草地、灌丛或河谷砾石地。分布于改则、班戈、那曲、丁青、比如、索县、江达、昌都、左贡、八宿、加查、拉萨、定日、聂拉木、吉隆、昂仁、仲巴、普兰。

94. 匙叶翼首花

Pterocephalus hookeri (C. B. Clarke) Hock.

川续断科　翼首花属

【主要特征】高 30～50cm，多年生无茎草本。片匙形或长圆状倒披针形，长 4～20 cm，宽 1～4 c通常全缘，或大头羽状浅裂至深裂，两面有柔毛。葶高 5～30 cm，密生倒向柔毛。头状花序，直径 23 cm，总苞片 1～2 层，披针形至三角状披针形，被毛和纤毛；苞片似总苞片，越向花序中心者越狭小；萼筒状，全被柔毛，长约 5 mm，具 13 条脉，檐部仅 0.5 mm，有 4 小齿；花萼全裂成约 20 条柔软、灰色、羽毛状的冠毛；花冠白色至粉红色，稀黄色，10～12 mm，外面全被柔毛，花冠筒里面也有柔毛，片 5；雄蕊 4，稍伸出。花果期 6—9 月。

【生境分布】生于海拔 3 200～5 700 m 的山坡草草甸、林间草地、林缘或碎石滩草地。分布于加查、布江达、米林、昌都、江达、贡觉、左贡、类乌齐、青、边坝、索县、措美、康马、亚东、萨迦、昂仁、隆、聂拉木、南木林。

95. 阿尔泰狗娃花

Heteropappus altaicus (Willd.) Novopokr.

菊科　狗娃花属

【主要特征】高 20～60 cm，少数 100 cm，多年生草本。茎直立，上部有分枝，被上弯或有时开展的硬柔毛，具有柄或无柄的腺体。基生叶花期枯萎；茎生叶线形、线状披针形、倒披针形或近匙形，长 2～6 cm，宽 0.7～1.5 cm，顶端尖或钝，基部狭，全缘；上部叶渐小线形，两面被贴生糙毛和微腺毛。头状花序单生于枝端或数个排成伞房状花序；总苞半球形，直径 0.8～1.8 cm；总苞片 2～3 层，近等长或外层稍短，长圆状披针形，长 4～8 mm，宽 0.6～1.8 mm，顶端渐尖，草质，被贴生硬柔毛，常有腺毛，边缘膜质；舌状花约 15 个，舌片浅蓝紫色，长圆状线形，长 10～15 mm；管状花长 5～6 mm，裂片不等长，有疏微毛。瘦果倒卵状长圆形，长 2～2.8 mm，被绢毛，上部有腺点；冠毛污白色或红褐色，长 4～6 mm。花果期 6—9 月。

【生境分布】生于海拔 2 600～4 000 m 的砾石山坡。分布于普兰、札达、芒康。

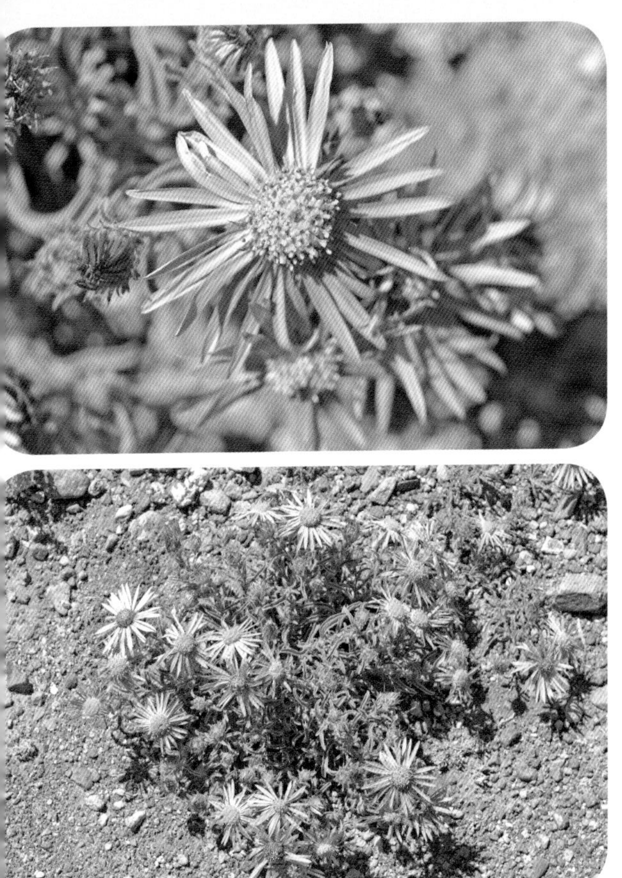

96. 半卧狗娃花

Heteropappus semiprostratus Griers.

菊科　狗娃花属

【主要特征】多年生草本。根状茎短，复出多数簇生的茎。茎平卧或斜升，基部有分枝，有时叶腋有具密叶的不育枝，被贴生硬柔毛，高 5～15 cm。叶线形或匙形，长 1～3 cm，宽 2～5 mm，顶端宽短尖，基部渐狭，全缘，两面被贴生柔毛，散生闪亮的腺体。头状花序单生于枝端；总苞片半球形，直径 1.2～1.4 cm总苞片 3 层，披针形，长 6～8 mm，宽 0.8～1.8 mm渐尖，外面被糙毛和腺体，内层有宽膜质边缘；舌状花 20～35 个，舌片紫色或蓝色，长 1.2～1.5 cm，宽约2.2 mm；管状花黄色，长 4～6 mm；裂片不等长，1 长4 短。瘦果倒卵形，长 1.7～2 mm，被绢毛，上部有腺点。冠毛淡红褐色，长 4～5 mm。花期 6—9 月。

【生境分布】生于海拔 4 200～5 000 m 的湖边砂地山坡草地或砾石山坡。分布于亚东、吉隆、萨迦、康马、噶尔、改则、双湖、安多、班戈、申扎、措勤、昂仁、措美、错那。

97. 青藏狗娃花

Heteropappus bowerii (Hemsl.) Griers.

菊科　狗娃花属

【主要特征】二年生或多年生低矮草本。垫状，有肥厚圆柱状直根。茎 3～6 个簇生，不分枝或近基部有分枝，高 2.5～7 cm，被白色密硬毛，上部常具有腺体。基生叶密集，线状匙形，长 3 cm，宽 0.4 cm，顶端尖或钝，全缘，下部叶线形或线状匙形，长 1.2～2.5 cm，宽 1～2 mm，基部稍扩大，上部叶渐小，线形，两面被白色密粗毛或上面近无毛，边缘有缘毛。头状花序单生于茎或枝端，直径 2.5～3 cm；总苞半球形，直径 1～1.5 cm，稀达 2 cm；总苞片 2～3 层，线状披针形，近等长，长约 1 cm，宽 1.2～2.5 mm，渐尖，外面被密粗毛和腺点，边缘狭膜质；舌状花 40～50 个，舌片蓝紫色，长 9～13 mm；管状花长 4.5～5 mm；裂片个，长 0.5～0.6 mm 或 1～1.2 mm，外面被微毛。瘦果狭倒卵形，长 2.8～3 mm，浅褐色，有黑色斑点，被疏微毛；冠毛污白色或淡褐色，长约 4 mm，糙毛状。花期 7—9 月。

【生境分布】生于海拔 4 100～5 300 m 的高山砾石山坡。分布于双湖、班戈、措勤、改则、申扎、日土、贡觉、林周等。

98. 须弥紫菀

Aster himalaicus C. B. Clarke

菊科　紫菀属

【主要特征】多年生草本。根状茎粗壮，被褐色残叶片。茎下部弯曲，从莲座状叶丛的基部斜升，高8～25 cm，被开展的长毛，全部或上部有具柄的腺毛。莲座状叶倒卵形、倒披针形、或宽椭圆形，长2～3.5（4.5）cm，宽1～2.5 cm，顶端圆形或急尖，有小尖头，下部渐狭成具宽翅的柄，全缘或有1～2对小尖头状齿；基生叶在花期枯萎，下部叶倒卵形、长圆形或少数近披针形，长1.5～3.5 cm，宽0.5～1.2 cm，半抱茎，全缘或有齿；上部叶接近花序；全部叶质薄，两面或下面沿脉及边缘有开展的长毛，且有腺毛。头状花序单生于茎端，直径4～4.5 cm；总苞半球形，直径1.5～2 cm，常超出花盘；总苞片2层，长圆状披针形，长12 mm，宽2.5～3.5 mm，尖或渐尖，草质，外层全部或基部及沿脉被长毛，有腺毛，内层近无毛；舌状花50～70个；舌片蓝紫色，长13～17 mm；管状花紫褐色或黄色，长6～8 mm。瘦果倒卵圆形，褐色，长2.5～3 mm，有2

J，被绢毛，上部有腺点；冠毛白色，有不等长的糙毛，长 5.5 mm。花期 7—9 月。

【生境分布】生于海拔 3 800～4 100 m 的高山草甸或冷杉林。分布于亚东、波密、昌都、察隅。

99. 毛香火绒草（原变种）

Leontopodium stracheyi (Hook. f.) C. B. Clarke var. *stracheyi*

菊科　火绒草属

【主要特征】多年生草本。根状茎粗，横走，有数簇生的花茎和不育茎。茎高 12～60 cm，基部稍质，不分枝，有时下部或中部有花后发育的腋芽和枝，被浅黄褐色或褐色短腺毛，上部杂有蛛丝状毛，部有膜质无毛的芽苞和花后宿存的基生叶。叶稍直或开展，卵圆状披针形或卵圆状线形，长 2～5 cm，0.4～1.2 mm，顶端尖或稍钝，有细长尖头，基部圆或近心形，抱茎，边缘平或波状反卷，上面被密腺毛或杂有蛛丝状毛，下面除脉有腺毛或近无毛外被灰白茸毛，基部有三出脉；苞叶多数，与茎上部叶同形或小，卵圆形或卵圆状披针形，两面被灰白色茸毛，为序长的 1.5～2 倍，开展成直径 2～6 cm 的苞叶群。状花序直径 4～5 mm，密集；总苞长 4～5 mm，被柔毛，总苞片 2～3 层；小花异形，有少数雄花，或雄异株；雄花管状漏斗状，雄花冠毛稍粗厚，上部有齿；雌花花冠线状，冠毛白色丝状。瘦果有乳头状突或短粗毛。花期 7—9 月。

【生境分布】生于海拔 3 000～4 400 m 的高山或亚高山砾石坡地、沟地灌丛或林缘。分布于察隅、林芝、米林、加查、措美、八宿、江达、昌都、索县、类乌齐、拉萨、南木林、林周、吉隆等。

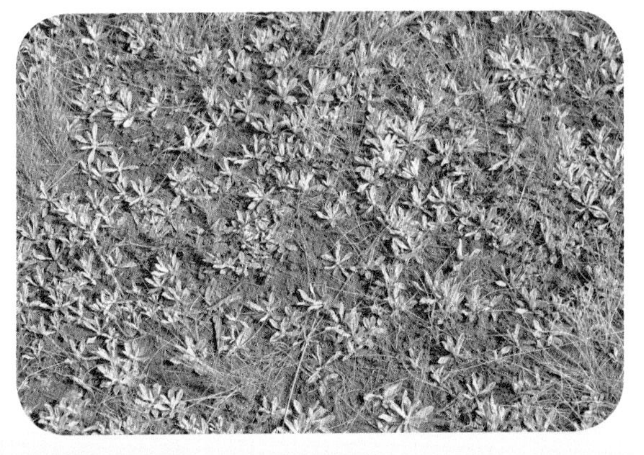

100. 矮火绒草

Leontopodium nanum (Hook. f. et Thoms.) Hand. -Mazz

菊科　火绒草属

【主要特征】多年生草本。垫状丛生，根状茎分枝细，被密集或疏散的鳞片状枯叶鞘，有顶生的莲座状叶丛。无花茎或花茎短，直立，不分枝，被白色棉状厚茸毛，有密集或疏生的叶。基生叶在花期生存，茎生叶匙形或线状匙形，长 7～25 mm，宽 2～6 mm，顶端圆形或钝，下部渐狭成短狭的鞘，两面被白色或上面被灰白色柔毛状密茸毛；苞叶少数，与茎上部叶片同形，较短小，与花序等长，不开展成星状苞叶群。头状花序单生或 3 个密集，稀多至 7 个，直径 6～13 mm；总苞长 4～5.5 mm，被灰白色棉毛；总苞片 4～5 层，披针形尖或渐尖，深褐色或褐色，超出毛茸之上；雌花异形雌雄异株；花冠长 4～6 mm，冠毛亮白色，花后增长较花冠长。不育子房及瘦果无毛或多少有短粗毛。花期 5—7 月。

【生境分布】生于海拔 3 400～4 800 m 的高山湿润草地、沼泽草甸或砾石山坡。分布于芒康、索县、曲水、当雄、定日、聂拉木。

101. 黄白火绒草

Leontopodium ochroleucum Beauv.

菊科　火绒草属

【主要特征】多年生草本。根状茎细，短或 10 cm，被密集的枯叶鞘，有多数莲座状叶丛和花茎 集成高 15 cm 的植株丛。茎直立，极短或高 5～15 cm 纤细，被白色或上部黄色长柔毛或茸毛，常有近等 的叶。莲座状叶丛与茎生叶同形，长 6 cm，下部渐狭 常脱毛，有宽长的鞘部；中部叶舌形，长圆形或匙形 顶端钝，或线状披针形，长 1～5 cm，宽 0.2～0.4 cm 稍尖，两面被密或疏生的灰白色、稍绿色的长柔毛， 有时部分脱落；苞叶较少数，较茎上部叶较短，椭圆 或长圆状披针形，顶端圆形或稍尖，两面被稍黄色密 毛或茸毛，与花序同长或为花序长的 2 倍，开展成直 为 1.5～2.5 cm 的苞叶群。头状花序直径 5～7 mm， 数至 15 个密集，稀 1 个；总苞长 4～5 mm，被疏或 长柔毛；总苞片约 3 层，披针形，褐色或深褐色，尖 无毛；小花冠长 3～4 mm，冠毛白色，较花冠稍长； 育子房无毛。瘦果无毛或有乳头状突起。花期 7—8 月

【生境分布】生于海拔 2 300～4 500 m 的高山和 高山湿润或干燥草地。西藏广泛分布。

102. 木根香青

Anaphalis xylorhiza Sch. -Bip. ex Hook. f.

菊科　香青属

【主要特征】灌木状。根状茎粗壮，多分枝，部有顶生的莲座状叶丛和花茎，常密集成垫状。茎立，高 3～7 cm，稀更高，不分枝，被白色或灰白色丝状毛或薄绵毛，有密集的叶。莲座状叶丛和茎下叶片匙形、长圆状或线状匙形，长 0.5～3 cm，宽 0.3 0.7 cm，顶端圆形，下部渐狭成宽翅状长柄；上部叶小，倒披针状或线状长圆形，顶端钝，有小尖头，渐尖，有枯焦状膜质长尖头，基部沿茎下延成短狭翅，两面被白色或灰褐色疏绵毛，基部和上面除边缘常脱毛且露出头状短腺毛，有明显的三出脉。头状序 5 至 10 余个密集成复伞房状；花序梗短；总苞宽状或倒锥状，直径 6 mm；总苞片约 5 层，外层卵状卵状椭圆形，被绵毛，内层长圆状披针形，尖或稍钝最内层线状长圆形，有长达全长 3/4 的爪部；花冠长

5 mm，冠毛较花冠稍长。瘦果长约 1.5 mm。花期 7—
月。

【生境分布】生于海拔 3 800～4 800 m 的高山草地
草原。分布于仲巴、萨嘎、吉隆、聂拉木、定日、亚
、南木林、措美、琼结、错那、那曲、班戈、丁青、
达、芒康、贡觉、八宿等。

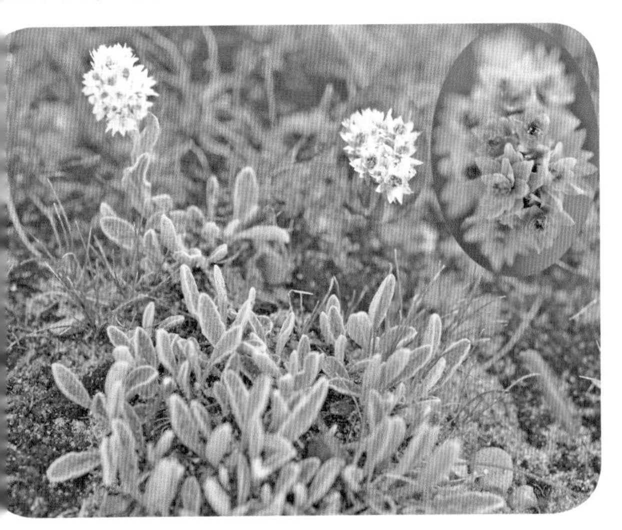

103. 川西小黄菊（原变种）

Pyrethrum tatsienense (Bur. et Franch.) Ling ex Shih var. *tatsienense*

菊科　匹菊属

【主要特征】高 7～25 cm，多年生草本。茎单生少数茎成簇生，不分枝。基生叶椭圆形或长椭圆形，1.5～7 cm，宽 1～2.5 cm，二回羽状分裂；裂片一、回全部全裂；一回侧裂片 5～15 对；二回为掌状或式羽状分裂，末回裂片线形，宽 0.5～0.8 mm。叶柄1～3 cm。茎叶少数，直立贴茎，与基生叶同形并等分裂，无柄。头状花序单生茎顶；总苞直径 1～2 cm总苞片约 4 层，边缘黑褐色或褐色膜质；舌片橘黄或微带橘红色，线形或宽线形，长 2 cm；冠状冠毛0.1 mm，分裂至基部。瘦果长约 3 mm，有 5～8 条椭形突起的纵肋。花果期 8—9 月。

【生境分布】生于海拔 4 800～5 200 m 的高山草分布于拉萨、林芝、丁青、昌都。

104. 灌木亚菊

Ajania fruticulosa (Ledeb.) Poljak.

菊科　亚菊属

【主要特征】高 8～40 cm，小半灌木。花枝灰白色或灰绿色，被稠密或稀疏的短柔毛。中部茎生叶圆形、扁圆形、三角状卵形、肾形或宽卵形，长 0.5～3 cm，宽 1～2.5 cm。规则或不规则二回掌状或掌式羽状 3～5 裂。一、二回全部全裂；一回侧裂片 1 对或不明显 2 对，通常三出；末回裂片宽线形或倒长披针形宽 0.5～5 mm，两面被等量的顺向贴伏的短柔毛。头状花序在枝端排成伞房或复伞房花序；总苞钟状，直径 3～4 mm；总苞片 4 层，麦秆黄色，有光泽；边缘雌花细管状，5 个。瘦果长约 1 mm。花果期 7—9 月。

【生境分布】生于海拔 4 000～5 300 m 的山坡砾石地或河滩。分布于札达、噶尔、日土。

105. 臭蒿

Artemisia hedinii Ostenf. et Pauls.

菊科　蒿属

【主要特征】一、二年生草本。根垂直、单一。茎单生或数枚，高 15～60（80）cm，紫红色，疏被腺毛状柔毛，有臭味，常有着生花序的细分枝。茎下部与中部叶长椭圆形，叶面无毛，背面被微腺点，二回栉齿状的羽状深裂或全裂，每侧裂片 5～10 枚，长圆形或线状披针形，长 0.3～1.5 cm，宽 2～4 mm，有栉齿状小裂片，中轴与叶柄上均有栉齿状小裂片；下部叶柄长 4～5 cm，中部叶柄长 1～2 cm；基部有抱茎的假托叶；上部叶一回栉齿状羽状深裂。头状花序半球形或近球形，直径 3～4（5）mm，在茎端及侧枝上排成密穗状花序，并在茎上组成狭窄的圆锥花序；总苞片背面微被腺毛，边缘紫黑色，膜质；雌花 3～8 朵；两性花 15～30 朵，花冠紫红色。瘦果长圆状倒卵形。花果期 7—10 月。

【生境分布】生于海拔 3 700～4 800 m 的湖边、草地、河滩、砾石坡、田边、草坡、林缘、村旁或荒地等。分布于错那、芒康、昌都、类乌齐、丁青、索县、左多、班戈、聂荣、那曲、工布江达、朗县、尼木、康马、日喀则、南木林、江孜、亚东、萨迦、定日、聂拉木、日土、改则、申扎、措勤。

106. 冻原白蒿

Artemisia stracheyi Hook. f. et Thoms. ex C. B. Clark

菊科　蒿属

【主要特征】多年生草木，植株有臭味。根粗大木质，垂直。根状茎粗短，木质，常有叶柄残基。上各部分密被灰黄色或淡黄色绢质茸毛。茎多数，集成丛，高 15～45 cm，通常不分枝。基生叶与茎下叶有长柄，叶片狭卵形或长椭圆形，长 5～15 cm，1～2 cm，两面密被淡黄色绢质茸毛，二至三回羽全裂，每侧裂片 7～13 枚，椭圆形或卵状椭圆形，1～1.5 cm，宽 0.5～1 cm，小裂片狭线状披针形或线形长 3～5 mm，宽 1～1.5 mm，先端钝；叶柄长 5～8 cm基部略抱茎，并有假托叶；中部叶与上部叶略小，一二回羽状全裂；苞叶羽状全裂或不裂，狭线状披针形狭线形。头状花序大，少数，直径 5～8 mm，有短梗在茎上排成总状花序或为密穗状花序式的总状花序；苞片背面密被短柔毛，边缘褐色，宽膜质；雌花 4～朵；两性花 50～60 朵，花黄色，花冠外面密被短柔或毛渐脱落。瘦果倒卵形。花果期 7—11 月。

【生境分布】生于海拔 4 300～5 200 m 的山坡、河滩和湖边等砾石滩地、草坡、草甸或灌丛。分布于双湖、申扎、措勤、江孜、萨迦、吉隆、萨嘎、仲巴、普兰、噶尔、革吉、日土、改则。

107. 纤杆蒿

Artemisia demissa Krasch.

菊科　蒿属

【主要特征】一、二年生草木。根细，单一，垂直。茎矮小，细，多条成丛或单生，高 5～20 cm，茎和枝初时密被淡黄色柔毛，以后渐脱落，通常紫红色，自下部分枝，枝多数，下部枝通常匍匐生长。基生叶与茎下部叶质薄，卵状椭圆形或宽卵形，长 1.5～2 cm，宽 1～1.5 cm，二回羽状全裂，每侧裂片 2～3 对，每裂片再次 3～5 裂，小裂片狭线状披针形或长椭圆状披针形，长 3～5 mm，宽 1 mm，先端有硬尖头；叶柄长 0.5～1 cm；基部有小的假托叶；中部叶与苞叶羽状全裂，无柄。头状花序卵球形，直径 1.5～2 mm，无梗或有短梗，单生稀少或间有数枚集生，在茎端或分枝上排成短穗状花序，在茎上组成狭窄的穗状花序式的圆锥花序；总苞片背面紫红色或绿色；雌花约 19 朵；两性花约 5 朵，不孕育。瘦果倒卵形。花果期 7—9 月。

【生境分布】生于海拔 4 200～4 800 m 的山谷、山坡、路边、草坡或砂石地。分布于拉萨、日喀则、江孜、萨迦、亚东、普兰、噶尔、改则、双湖、申扎、措勤、当雄、安多。

108. 葵花大蓟

Cirsium souliei (Franch.) Mattf.

菊科　蓟属

【主要特征】多年生铺散草本。根状茎粗，直立。无茎或几无茎。叶矩圆状披针形或窄披针形，长6.5～28 cm，宽2.5～6.5 cm，顶端急尖或钝尖，具刺基部渐狭，有柄，羽状浅裂或深裂；裂片长卵形或卵形，基部有小裂片，顶端和边缘具小刺，上面绿色，下面淡绿，两面疏被长柔毛。头状花序无梗或近无梗，数个集生于莲座状叶丛中，直径2.5～3.5 cm；总苞宽钟形；总苞片披针形，长2.2～3 cm，顶端有长刺尖，边缘自中部或基部起有小刺，最内层的顶端软；花冠紫红色，长1.7～2.4 cm，花冠管长9～15 mm，檐部长7～7.5 mm，冠毛污白色，羽状，长1.5～2 cm。瘦果长椭圆形，长3～4 mm，淡灰黄色。花果期7—9月。

【生境分布】生于海拔3 200～4 800 m的山坡草地水沟边湿地、灌丛或云杉林缘。分布于江达、察雅、类乌齐、工布江达、加查、那曲、拉萨、南木林、亚东。

109. 重齿叶缘风毛菊

Saussurea katochaetoides Hand. -Mazz

菊科　风毛菊属

【主要特征】高 3～8 cm，多年生草本。根状茎颈部被褐色的残叶柄。茎短粗。基生叶莲座状，矩圆形或椭圆状矩圆形，长 5～9 cm，宽 1.5～3.5 cm，先端急尖，基部渐狭成楔形，边缘具重锯齿，上面无毛，下面密被白色棉毛，革质，叶柄褐色，被稀疏的蛛丝状毛。茎生叶 3～4 枚，最上面的长矩圆形。头状花序通常单生，少有 3 个，直径 1.5～3.5 cm；总苞卵圆形，长 1.8～2 cm，无毛，总苞片 4 层，外层卵状披针形，上部长渐尖，长 1.2～1.5 cm，宽 5～6 cm，褐色，边缘紫黑色，内层条形，麦秆黄色，先端及边缘紫黑色；花紫色，长 2.5～2.6 cm；冠毛淡褐色，外层短，反折，内层羽毛状。瘦果长 3～4 mm，稍弯，无毛。

【生境分布】生于海拔 4 200～4 700 m 的山坡草地或河谷沼泽。分布于江达、昌都、类乌齐、比如、聂荣、那曲、错那、措美、拉萨、亚东。

110. 针叶风毛菊

Saussurea subulata C. B. Clarke

菊科　风毛菊属

【主要特征】高 1.5～4 cm，多年生垫状草本。根状茎多分枝，颈部被深褐色的残叶鞘。自颈部常生出花茎及不孕的叶丛。叶条形，长 0.8～1.2 cm，宽 1 mm，顶端具白色的短尖，似钻状，基部扩大呈鞘状，膜质，栗色，被蛛丝状毛，边缘强烈反卷，全缘，无毛，革质。头状花序单生于茎端，直径 0.8～1.5 cm；基部贴生数枚苞叶，卵状披针形，紫红色，上部绿色，顶端有白色透明尖头；总苞钟形，长 1～1.2 cm，无毛，外形卵形长 5 mm，宽 3 mm，紫红色，内层条形，麦秆黄色，上部紫色，干膜质；花紫红色，长 1.2～1.3 cm；冠毛淡褐色，外层短，粗糙，内层羽毛状。瘦果圆柱形，长 1.5～3.5 mm，平滑。

【生境分布】生于海拔 4 600～5 250 m 的河谷砾石地、山坡草甸或草地。分布于日土、双湖、改则、申扎、班戈、安多。

111. 狮牙状风毛菊

Saussurea leontodontoides (DC.) Hand. -Mazz.

菊科　风毛菊属

【主要特征】高4～10 cm，多年生草本。根状茎细长，有分枝，颈部被暗褐色的残叶柄。茎极短，被蛛丝状绵毛。叶条状矩圆形，长4～15 cm，宽8～15 mm，倒向羽裂，裂片矩圆形、半圆形或近三角形，有小裂片或全缘，顶端具短尖头，上面有毛或无毛，下面有白色茸毛，具短柄，长1～1.5 cm。头状花序单生于茎端；总苞宽钟形；总苞片5层，披针形或卵状披针形，先端渐尖，有的反折，黄褐色，革质，上部及边缘绿色或紫红色，草质，被稀疏的蛛丝状毛；花紫红色，长1.8～2.2 cm；冠毛淡褐色，外层短，糙毛状，内层羽毛状。瘦果圆柱形，长2～4 mm，稍具横皱纹。

【生境分布】生于海拔4 190～5 450 m的高山草甸或山坡砾石地。分布于八宿、巴青、林周、拉萨、当、措美、错那、南木林、亚东、萨嘎、仲巴、措勒。

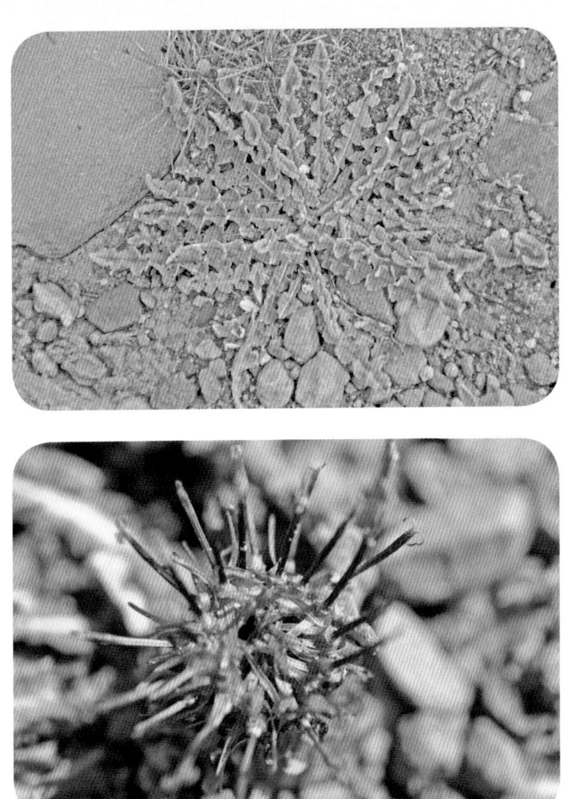

112. 西藏风毛菊

Saussurea tibetica C. Winkl.

菊科　风毛菊属

【主要特征】多年生直立草本，高 10～16 cm。茎密被灰白色长柔毛，有棱。叶线形，长 3～8 cm，宽 1～3 mm，两面被灰白色长柔毛，下面的毛较密，边缘全缘，内卷，顶端急尖，基部扩大鞘状抱茎。头状花序 2 个，生于茎枝顶端；总苞倒圆锥形，直径 2～3 cm 总苞片 4 层，紫色，外层长圆状卵形，长 8 mm，宽 3～5 mm，顶端渐尖，外面密被白色长柔毛，中层线状披针形，长 1～1.2 cm，宽 2～3 mm，顶端渐尖或急尖外面被白色长柔毛，内层线形，长 1.1 cm，宽 1 mm 顶端渐尖，外面无毛；小花紫色，长 9～11 mm，细管部长 6～7 mm，檐部长 3～4 mm；冠毛污白色或淡黄褐色，2 层，长 1～2 mm，糙毛状，外层羽毛状，长 7～8 mm。瘦果倒卵状长圆形，长 3.5 mm，顶端有小冠无毛。花果期 7—8 月。

【生境分布】生于海拔 4 500 m 的高山草甸。分布于当雄、班戈、安多、尼玛等。

113. 美丽风毛菊

Saussurea pulchra Lipsch.

菊科　风毛菊属

【主要特征】高 4～15 cm，多年生草本。根状茎粗壮，木质化，上端有残叶柄宿存。茎直立，疏被长柔毛。基生叶莲座状，倒披针形至椭圆形，长 3～9 cm，宽 1～2.5 cm，先端圆，具短尖头，叶缘疏生稀齿及缘毛，基部下延成柄，上面被粗伏毛，下面中脉处贴生长柔毛；茎生叶较小，披针形。头状花序，单一顶生，直径 3 cm；总苞钟形；总苞片紫色或具紫色边缘，具短尖，4 列，外列披针形，内裂线形；花全部管状，紫色，两性，长 2.5 cm，先端 5 裂；冠毛白色，外层短，糙毛状，内层羽毛状。瘦果，长圆形，无毛，有黑色花纹。花期 7—8 月。

【生境分布】生于海拔 4 000 m 以上的草原、路边或山脚。分布于那曲、班戈、申扎、尼玛等。

114. 策勒蒲公英

Taraxacum qirae D. T. Zhai et Z. X. An

菊科　蒲公英属

【主要特征】多年生草本。根颈部被黑褐色残存叶柄，其腋间有少量深褐色细毛。叶长椭圆形至长倒卵状披针形，长 2～9 cm，宽 0.5～1.5 cm，不分裂，边缘具齿或羽状浅裂；每侧裂片 3～6 片，裂片三角形，侧裂片倒向，全缘，先端渐尖；叶基渐狭成短柄，常显紫绿色，无毛或被少量弯曲短毛。花莛数个，高 5～12 cm，长于叶，无毛或在顶端有极少量的细毛；总苞宽钟形，长 13～18 mm；总苞片暗绿色，有或无角；外层总苞片椭圆形、长圆形或长圆状线形，边缘膜质，宽于内层总苞片，伏贴；内层总苞片长为外层总苞片的 1.5 倍；舌状花黄色，边缘花舌片背面有宽的暗色条带；花冠喉部的背面被疏散短细毛，柱头黑色，冠毛长约 6 mm，白色。瘦果暗褐色至褐色，长 3～3.5 mm，上部 1/4 被尖瘤，以下有钝瘤或近无瘤，喙基长约 1 mm，喙纤细，长 4～6 mm。

【生境分布】生于海拔 3 000 m 的河谷草甸。分布于当雄、嘉黎、安多、申扎等。

115. 合头菊

Syncalathium kawaguchii (Kitam.) Ling

菊科　合头菊属

【主要特征】高 1～5 cm，一年生草本。茎极短缩，外围叶片椭圆形或倒卵状长圆形，长 2～3.5 cm，边缘具细浅齿或锯齿，通常基部渐狭呈鞘状叶柄或具长 3 cm 的叶柄，在后一种情况下，叶柄有时具 1～2 对侧裂片的残迹。头状花序下面有 1 枚线形小苞片；总苞片长约 8 mm，3 枚，具小花 3 朵；花冠长约 14 mm，舌片长约 6 mm，紫红色；冠毛长约 8 mm，有粗、细 2 种，带淡污褐色。瘦果倒卵状长圆形，稍两侧压扁，横切面似菱形或近平凸状，长约 3.5 mm，一面有 1 条而另一面有 2 条较明显的肋，无喙。花果期 8—9 月。

【生境分布】生于海拔 3 800～5 000 m 的山坡河滩或高山砾石堆。分布于昌都、曲松、拉萨、工布江达、墨竹工卡、加查、隆子、措美、错那、林周、南木林、比如、索县。

116. 弯茎还阳参

Crepis flexuosa (Ledeb.) C. B. Clarke

菊科　还阳参属

【主要特征】高 3～30 cm，多年生草本。根垂直直伸，粗或极纤细。茎自基部分枝，基部红色，有时木质，有时茎极短缩使整个植株成矮小密集团伞状，分枝铺散或斜升。全部茎枝无毛，被多数茎叶。基生叶及下部茎叶倒披针形、长倒披针形、倒披针状卵形、倒披针状长椭圆形或线形，包括叶柄，长 1～8 cm，宽 0.2～2 cm，基部渐狭或急狭成短或较长的叶柄，叶柄长 0.5～1.5 cm，羽状深裂、半裂或浅裂，侧裂片（1)3～5对，对生或偏斜互生，椭圆状或长而尖的大锯状，顶端急尖、钝或圆形，极少二回羽状分裂，一回为全裂或几全裂，二回为半裂，更少叶不分裂而边缘全缘或几全缘；中部与上部茎叶与基生叶及下部茎叶同形或线状披针形或狭线形，并等样分裂，但渐小且无柄或基部有短叶柄；全部叶青绿色，两面无柄。头状花序多数或少数在茎枝顶端排成伞房状花序或团伞状花序；总苞狭圆柱形，长 6～9 mm；总苞片 4 层，外层及最外层短，卵形或卵状披针形，长 1.5～2 mm，宽不足 1 mm，顶端钝或急尖，内层及最内层长，长 6～9 mm，宽不足 1 mm，线状长椭圆形，顶端急尖或钝，内面无毛，外面近顶端有不明显的鸡冠状突起或无，全部总苞片果期黑或淡黑绿色，外面无毛；舌状小花黄色，花冠管外面无毛；冠毛白色，易脱落，长 5 mm，微粗糙。瘦果纺锤状，向顶端收窄，淡黄色，长约 5 mm，顶端无喙，有 11 条等粗纵肋，沿肋有稀疏的微刺毛。花果期 6—10 月。

【生境分布】生于海拔 1 000～5 050 m 的山坡、河滩草地、河滩卵石地、冰川河滩地或水边沼泽地。分布于札达、日土、改则、申扎、普兰、班戈。

117. 无茎黄鹌菜

Youngia simulatrix (Babcock) Babcock et Stebbins

菊科　黄鹌菜属

【主要特征】多年生矮小丛生草本。根垂直直伸。茎极缩短。叶莲座状，倒披针形，长 2～6 cm，近全缘或具浅波状齿至羽状半裂，基部渐狭成有翅的短柄。头状花序 2～7 个，密集于茎端叶丛中；总苞钟状筒形，长 11～15 mm，具花 15～20 朵，外层总苞片通常长仅达内层的 1/4，个别的可长达 1/2，内层总苞片 8 枚左右，花冠全长 16～20 mm，舌片长 10～12 mm；花柱分枝先黄色，后转黑褐色；冠毛洁白而带米黄色，长约 9 mm。瘦果圆柱状而稍弯曲，长约 4 mm，顶端稍狭成极短的颈而无喙，具黑褐色斑纹，有 14 条粗细不等的纵肋，肋边上有微毛，横切面近四方形。花果期 7～9 月。

【生境分布】生于海拔 3 700～5 000 m 的山坡草甸或路旁。分布于朗县、错那、亚东、八宿、加查、拉萨、尼木、南木林、康马、那曲。

118. 固沙草

Orinus thoroldii (Stapf ex Hemsl.) Bor

禾本科　固沙草属

【主要特征】多年生草本。根状茎长 20 cm 以上，直径 1～3 mm，密被有光泽的革质小鳞片，老后脱落。秆直立，细硬，高 20～50 cm。叶鞘被柔毛，近鞘口处毛长而密；叶舌膜质，长约 1 mm；叶片扁平或内卷，长 3～9 cm，宽 2～3 mm，顶端长渐尖，基部圆形，两面生柔毛或无毛，基部边缘可具疣毛。圆锥花序长 6～15 cm，有 5 枚或多枚总状花序组成；分枝长 2～6 cm，单生；小穗含 2～3 小花，长 7～9 mm，黑褐色；小穗轴长约 1.5 mm，无毛；颖披针形，质薄，无毛，第 1 颖长 4～5 mm，第 2 颖长 5～6 mm；外稃遍生长柔毛，具 3 脉，无芒，有时具小尖头，第 1 外稃长 6～7 mm；内稃脊上及两侧生柔毛；花药长约 3.5 mm，颖果长 3 mm。

【生境分布】生于海拔 4 000～5 200 m 的河滩、湖边砾石沙土、山麓或灌丛草原。分布于墨竹工卡、拉萨、拉孜、乃东、康马、日喀则、定结、吉隆、隆子、措美、革吉、申扎、改则、仲巴、噶尔。

119. 羊茅

Festuca ovina L.

禾本科　羊茅属

【主要特征】多年生草本。秆密丛生，鞘内分枝直立较矮小，高 10～35 cm，近基部具 1～2 节。叶鞘无毛，顶生者长约 5 cm，长于其叶片；叶舌长约 0.5 mm，大多宽出叶片的基部呈耳状；叶片内卷，长 2～6 cm，蘖生者可长达 15 cm，宽约 0.5 mm，稍粗糙。圆锥花序紧缩，长 2～6 cm，宽约 5 mm；基部分枝长 1～2 cm，侧生小穗柄长 2～5 mm，微粗糙；小穗含 3～6 小花，长 4～6 mm，小穗轴被微毛；颖披针形顶端尖或渐尖，微粗糙，第 1 颖长约 2 mm，第 2 颖长约 3 mm；外稃长圆状披针形，无毛或近上部微粗糙第 1 外稃长约 4 mm，顶端具长 1～2 mm 粗糙的芒；内稃脊粗糙；花药长 1.5～2 mm。颖果多少与稃体贴生顶端无毛。

【生境分布】生于海拔 2 400～5 600 m 的山坡草甸沟谷或沙地等。分布于昌都、察雅、贡觉、江达、芒康、左贡、八宿、类乌齐、洛隆、边坝、索县、丁青巴青、聂荣、安多、那曲、嘉黎、朗县、工布江达、波密、林芝、米林、墨竹工卡、拉萨、南木林、日喀则、定日、吉隆、革吉、日土、双湖。

120. 矮羊茅

Festuca coelestis (St. -Yves) Krecz. et Bobr.

禾本科　羊茅属

【主要特征】多年生草本。秆高 3～8 cm。叶鞘干膜质，平滑无毛；叶舌短，边缘有一圈细纤毛；叶片长 1～4 cm，对折，宽约 0.5 mm，平滑无毛，铺平上面可见 3 脉。圆锥花序密集成穗状，由 3 至 10 余枚小穗组成，长 1～1.5 cm，宽约 5 mm，侧生小穗柄长 0.5～1 mm，粗糙；小穗紫色，大多含 3～4 小花，长约 5 mm；颖边缘窄膜质，生纤毛，第 1 颖长约 2.5 mm，披针形，顶端渐尖，具 1 脉，第 2 颖长约 3 mm；宽披针形，具 3 脉；第 1 外稃长约 4 mm，粗糙，尤其以上部为甚或具细毛，边缘有纤毛，顶端渐尖至具短芒，芒长 0.5～1 mm，微粗糙；内稃稍长于外稃，脊密生纤毛，粗糙，背部有微毛；花药长 1～1.5 mm。

【生境分布】生于海拔 5 100～5 500 m 的冰川流石滩上或山坡草地。分布于双湖等。

121. 梭罗草（原变种）

Roegneria thoroldiana (Oliv.) Keng var. *thoroldiana*

禾本科　鹅观草属

【主要特征】高 12～15 cm。秆密丛生，具 1～2 节，紧接花序下平滑无毛。叶鞘疏松裹茎，平滑无毛；叶片内卷似针，长 2～5 cm（分蘖叶片长达 8 cm），宽 2～3.5 mm，下面平滑无毛，上面及边缘粗糙，近基部疏生软毛。穗状花序偏于一侧，长圆状卵圆形，长 3～4 cm，穗轴节间无毛；小穗长 10～13 mm，含 4～6 小花；颖长圆状披针形，先端锐尖或渐尖具短尖头，具有柔毛尤以上部更多，第 1 颖长 5～6 mm，具 3 脉，稀具 4 脉，第 2 颖长 6～7 mm，常具 5 脉；外稃密生柔毛，具 5 脉，第 1 外稃长 7～8 mm，先端延伸的小尖头长 1～2.5 mm；内稃稍短于外稃，先端下凹或 2 裂，脊上部具硬长纤毛，下部 1/3 处毛渐短，至基部则渐渐消失；花药黑色。

【生境分布】生于海拔 4 700～5 100 m 的山坡草地或谷底多沙处。分布于日土、双湖、申扎、改则、仲巴、安多。

122. 穗三毛（原变种）

Trisetum spicatum (L.) Richt. var. *spicatum*

禾本科　三毛草属

【主要特征】秆直立，密集丛生。花序以下通常具茸毛，高 8～30 cm（有时仅高 5 cm 即抽穗）。叶鞘密生柔毛，基部者长于节间；叶舌透明膜质，长 1～2 mm；叶片扁平或略纵卷，长 2～15 cm，宽 2～4 mm，被稠密的或稀疏的柔毛。圆锥花序常稠密，紧缩呈穗状，下部有时具间断，长 1.5～7 cm，宽 0.5～2 cm，浅绿色或紫红色，有光泽；小穗长 4～6 mm，含 2～3 小花（常为 2 小花）；小穗轴节间长 1～1.5 mm，被等长的柔毛；颖近等长，中脉粗糙，第 1 颖长 4～5.5 mm，具 1～3 脉，第 2 颖具 3 脉；第 1 外稃长 4～5 mm，背部粗糙，顶端 2 齿裂，自稃体顶端以下约 1.5 mm 处生芒，芒长 3～4 mm，向外反曲，基盘被短毛；花药长约 1.5 mm；鳞被 2，顶端 2 裂或不规则齿裂。

【生境分布】生于海拔 3 000～5 500 m 的高山草地、灌丛或流石滩。分布于比如、隆子、班戈、双湖、仲巴、普兰、日土。

123. 丝颖针茅

Stipa capillacea Keng

禾本科　针茅属

【主要特征】秆高20～50 cm，具2～3节。叶鞘光滑，长于节间。基生叶与秆生叶的叶舌近相等，长约0.6 mm，平截，缘具纤毛；叶片纵卷，基生叶常对折。圆锥花序紧缩，顶端的芒常扭结如鞭状，分枝向上伸，长2～3 cm；小穗淡绿色或淡紫色；颖细长披针形，先端细线状，长2.5～3 cm；外稃长约1 cm，基盘尖锐，长约2 mm；芒二回膝曲，扭转，第1芒柱长1～2 cm，第2芒柱长0.6～1 cm，芒柱长约6 cm，常直伸，芒全部具长约0.5 mm的细刺毛；花药长4 mm。花果期7—9月。

【生境分布】生于海拔3 000～4 000 m的山坡灌丛或草地。分布于昌都、拉萨、错那、亚东、那曲、改则、仲巴、革吉、噶尔、普兰。

124. 沙生针茅

Stipa glareosa P. Smirn.

禾本科　针茅属

【主要特征】须根粗韧，外具沙套。秆粗糙，高15～25 cm，具2～3节。叶鞘具密毛；叶片纵卷如针，基生叶长15 cm。圆锥花序常包藏于叶鞘中，长10 cm，分枝简短；颖条状披针形，先端芒状，长2～3 cm；外稃长7～9（10）mm，背部毛排列成条状，基盘尖锐，芒一回膝曲扭转，芒柱长1.5 cm，具长2 mm的柔毛，芒针长约3 cm，具长约4 mm的柔毛；内稃与外稃同长。花果期5—10月。

【生境分布】生于海拔4 000～5 000 m的山坡高原或山麓洪积扇。分布于日土、革吉、噶尔、札达、普兰、改则。

125. 紫花针茅（原变种）

Stipa purpurea Griseb. var. *Purpurea*

禾本科　针茅属

【主要特征】高 20～45 cm。秆细瘦，具 2～3 节。叶鞘平滑无毛；基生叶叶舌端钝，长约 1 mm，秆生叶叶舌披针形，长 3～6 mm；叶片纵卷，细线形，下面粗糙，基生叶长为秆高的 1/2。圆锥花序常包藏于叶鞘内，长 15 cm，分枝单生或孪生；小穗紫色；颖披针形，先端渐尖，长 1.3～1.8 cm；外稃长 1 cm，背部散生细毛，基盘尖，长 2 mm；芒二回膝曲扭转，第 1 芒柱长 1.5～1.8 cm，第 2 芒柱长约 1 cm，芒针长 5～6 cm，遍生长约 3 mm 的柔毛。颖果长约 6 mm。花果期 7—9 月。

【生境分布】生于海拔 4 000～5 000 m 的山坡草原、沙质河滩或冲积平原。分布于江达、曲松、当雄、错那、亚东、南木林、吉隆、申扎、班戈、革吉、噶尔、日土、双湖。

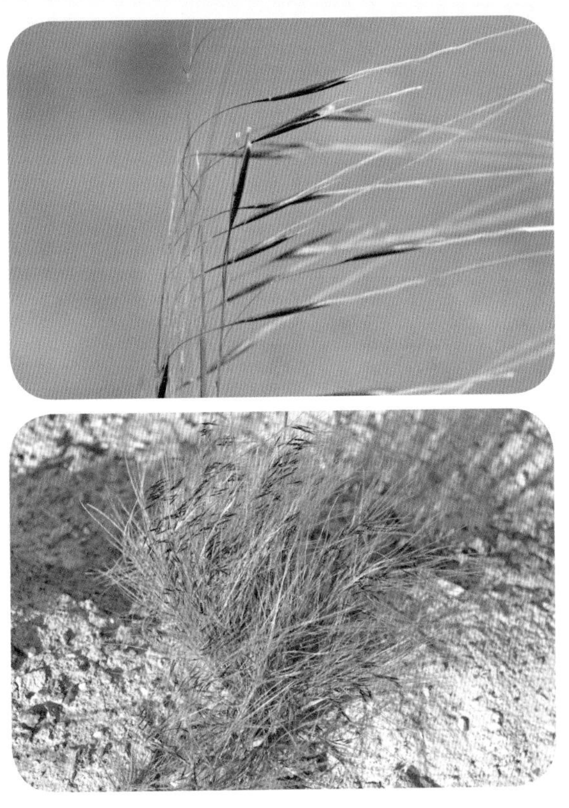

126. 羽柱针茅

Stipa subsessiliflora (Rupr.) Roshev. var. *basiplumosa* (Munro et Hook. f.) P. C. Kuo et Y. H. Sun

禾木科　针茅属

【主要特征】秆高25～40 cm，具2～3节。叶舌披针形，长2～3 mm，基生叶叶舌稍短；叶片纵卷成线形。圆锥花序下部常被叶鞘包裹，成熟时抽出，长7～14 cm；小穗长8～9 mm；颖紫色，先端具长2～3 mm的尖头；外稃长4～5 mm，芒二回膝曲，第1芒柱长约4 mm，具长2～3 mm的毛，第2芒柱长约4 mm，具微毛，芒针长5～6 mm，平滑无毛。

【生境分布】生于海拔4 300～5 000 m的山地草原、洪积扇或砾石地。分布于察隅、当雄、申扎、双湖、改则、革吉、普兰、日土。

127. 华扁穗草（原变种）

Blysmus sinocompressus Tang et Wang var. *sinocompressus*

莎草科　扁穗草属

【主要特征】高 5～20 cm，多年生草本。秆散生，扁三棱形。叶平展，宽 1～3.5 mm，短于秆。苞片叶状，通常高出花序。穗状花序 1 个，顶生，长圆形，长 1.5～3 cm；小穗排成 2 行，卵状披针形，长 5～7 mm；鳞片也近 2 行排列，长卵圆形，长 3.5～4.5 mm；下位刚毛 3～6 条，多次卷曲，长于小坚果 2 倍；雄蕊 3，花药长 3 mm；柱头 2。小坚果宽倒卵形，平凸状，长 2 mm。

【生境分布】生于海拔 2 700～4 750 m 的河滩、水塘、水沟或山坡。分布于拉萨、昌都、当雄、波密、林芝、芒康、米林。

128. 粗壮嵩草

Kobresia robusta Maxim.

莎草科　嵩草属

【主要特征】高 10～60 cm。根状茎短。秆密丛生，粗 2～3 mm，圆柱形，光滑。叶基生，坚硬。花序简单穗状，圆柱形，长 2.8～8 cm；小穗多数，顶生的雄性，侧生的雄雌顺序，在基部雌花之上具雄花 3～4 朵；鳞片大，长 6～10 mm，宽卵形；先出叶囊状，长 8～10 mm，在腹面愈合达中部以上，2 脊平滑；柱头 3。小坚果椭圆形，长 5～7 mm，三棱形。

【生境分布】生于海拔 4 500～5 000 m 的山坡、湖滨或河滩阶地，适应砂质土壤，在山坡灌丛草地、针茅草原或高山草甸也能生长。分布于日土、噶尔、札达、普兰、双湖、申扎、那曲、班戈、仲巴。

129. 矮生嵩草

Kobresia humilis (C. A. Mey ex Trautv.) Sergiev

莎草科　嵩草属

【主要特征】秆高 3～15 cm，钝三棱形。叶等于或短于秆，扁平，宽 1～2 mm。花序为简单穗状，椭圆形，长 6～15 mm；顶生的小穗雄性，侧生的雌雄顺序，在基部雌花之上具雄花 2～4 朵；鳞片褐色，长约 3 mm，具 3 脉；先出叶卵状长圆形，长 4 mm，2 脊微粗糙，边缘在基部愈合。小坚果倒卵状长圆形或狭倒卵形，长约 3 mm，具短喙。

【生境分布】生于海拔 3 700～5 000 m 的山坡、湖边、阶地或河漫滩的草丛。分布于亚东、拉萨、当雄、聂荣、那曲、措美、错那、索县、工布江达、丁青、八宿、芒康、察隅等。

130. 高山嵩草（原变种）

Kobresia pygmaea C. B. Clarke var. *pygmaea*

莎草科　嵩草属

【主要特征】高 1～3 cm，垫状草本。叶与秆近等长，针状。花序简单穗状，卵状长圆形，长 4～6 mm，含小穗少数，先端雄性，下部雌性；小穗具 1 小花，单性；鳞片卵形，长 2.5～4 mm；先出叶椭圆形，长 2～3 mm，背部 2 脊粗糙，边缘在腹面仅基部愈合。小坚果倒卵状椭圆形，长 1.5～2 mm。退化小穗轴长为小坚果的 1/2。

【生境分布】生于海拔 3 700～5 400 m 的河滩、山坡、沟谷和阶地的高山草原、高山草甸、沼泽草甸或灌丛。分布于革吉、普兰、改则、仲巴、萨嘎、聂拉木定日、亚东、林芝、朗县、措勤、班戈、拉萨。

131. 短轴嵩草

Kobresia vidua (Boott ex C. B. Clarke) Kukenth.

莎草科　嵩草属

【主要特征】高 5～10 cm。根状茎短。丛生。秆细而坚，钝三棱形。叶短于秆，丝状。穗状花序单性，雌雄异株，长圆形；小穗密生，含 1 小花；雄花鳞片长圆状披针形，长 4～6（8）mm，雌花鳞片宽披针形或长圆形，长 3～4 mm；先出叶囊状，狭长圆形，长 4 mm。小坚果狭长圆形，比先出叶短。退化小穗轴长约为小坚果的 1/2。

【生境分布】生于海拔 4 000～4 300 m 的山坡灌丛或草甸。分布于芒康、索县。

132. 青藏苔草

Carex moocroftii Falc. ex Boott

莎草科　苔草属

【主要特征】高 10～30 cm，多年生草本。具匍匐根状茎。秆坚硬，三棱柱形。叶扁平，宽 2～4 mm，短于秆。小穗 4～5，密生，顶生 1 枚雄性，圆柱形，长 1～1.8 cm，其余雌性，卵形，长 7～17 mm，基部小穗具短柄；苞片刚毛状，无苞鞘；雌花鳞片卵状披针形，长 5～6 mm；果囊椭圆状倒卵形，稍等长于鳞片，革质，具 3 棱，先端急缩成短嘴。小坚果倒卵形，长 2.3 mm。

【生境分布】生于海拔 3 800～5 300 m 的山坡、沟边、阶地、洪积扇、冲沟、河漫滩和湖滨平原的高原草甸、沼泽草甸或草原。分布于日土、札达、革吉、普兰、仲巴、萨嘎、措勤、改则、双湖、申扎、班戈、聂拉木、定日、拉萨、当雄、那曲、聂荣、索县。

133. 黑褐苔草

Carex atrofusca Schkuhr Subsp. *minor* (Boott) T. Koyama

莎草科　苔草属

【主要特征】高 50～70 cm，多年生草本。具长的根状茎。叶扁平，宽 4～5 mm，明显短于秆。秆锐三棱形。小穗 4～5，顶部的 2～3 枚雄性，长圆形，长 0.8～2 cm，褐色，无穗梗；雌小穗疏生，椭圆状长圆形，长 1.8～2.5 cm，黑栗色，具细梗，下垂；苞片芒针状，短于小穗，具长鞘；雌花鳞片狭披针形或卵状披针形，长约 5 mm，先端长渐尖；果囊稍长于鳞片，椭圆形或长圆状椭圆形，扁压，具黄绿色边缘，先端渐尖成喙。小坚果长圆形，很小，具果梗。

【生境分布】生于海拔约 4 000 m 的沟谷沼泽地分布于察隅。

134. 青甘韭

Allium przewalskianum Regel

百合科　葱属

【主要特征】鳞茎外皮红色，稀为淡褐色，纤维质，呈明显的网状，常紧密地包围鳞茎。花葶高 10～40 cm，基部被叶鞘。叶半圆柱形或圆柱形，具 4～5 条纵棱，粗 0.5～1.5 mm。伞形花序半球状或球状，多花；小花梗比花被片长 2～3 倍，基部无小苞片，稀具很少的小苞片；花淡红色至深紫红色；花被片长（3）4～6.5 mm，宽 1.5～2.7 mm，顶端微钝，内轮花被片矩圆形或矩圆状披针形，外轮花被片卵形或狭卵形，稍短；花丝比花被片长 1.5～2 倍，在花蕾时反折，刚开放时内轮花丝先伸直，随后外轮花丝伸直，内轮花丝下部扩大成矩圆形，扩大部分为花丝长度的 1/3～1/2，每侧各具 1 齿，有时两侧的齿相对弯曲而互相交接；子房球状，无凹陷的蜜穴；花柱在花刚开放时被包围在 3 枚内轮花丝扩大部分所组成的三角锥体内，花后期伸出，与花丝近等长。花果期 6—8 月。

【生境分布】生于海拔 2 000～4 800 m 的干旱山坡、石缝、灌丛或草坡。分布于日土、札达、噶尔、革吉、改则、吉隆、廉马、申扎、双湖、班戈、措美、巴青、索县、丁青、洛隆、八宿。

135. 镰叶韭

Allium carolinianum DC.

百合科　葱属

【主要特征】具不明显的短直生根状茎。鳞茎粗壮，外皮褐色至黄褐色，革质，顶端破裂，常呈纤维状。叶宽线形，扁平，光滑，常呈镰状弯曲，宽（3）5～15 mm。伞形花序球状，多花；小花梗从略比花被片短或为花被片长的2倍，基部无小苞片；花葶粗壮，高20～40（60）cm，粗2～4 mm，下部被叶鞘；花紫红色、淡紫色、淡红色或白色；花被片线状长圆形、狭长圆形或长圆形，长（4.5）6～8（9.4）mm，宽1.5～3 mm；花丝比花被片长，有时可比其长2倍；子房近球状，腹缝线基部具凹陷的蜜穴；花柱伸出花被。花果期6月底至9月。

【生境分布】生于海拔2 500～5 000 m的砾石山坡、向阳的林下或草地。分布于札达、双湖、安多、噶尔、班戈、索县、比如。

136. 卷鞘鸢尾

Iris potaninii Maxim.

鸢尾科　鸢尾属

【主要特征】植株基部围有大量的老叶叶鞘纤维，卷曲。根状茎粗壮，二歧分枝，直径约 1 cm，斜伸。须根较细而短。叶狭线形，先端钝，花期长 4～8 cm，宽 2～3 mm，果期长 20 cm，宽 3～4 mm。花茎极短，不伸出地表以上；苞片 2，膜质，长 4～4.5 cm，花被管细丝状长 2.2～3.7 cm；外花被裂片长约 3.5 cm，宽约 1.2 cm，中脉上有黄色的须毛状附属物；内花被裂片直立，长约 2.5 cm，宽 0.8～1 cm；雄蕊长约 1.5 cm，花药紫色；花柱分枝黄色，长约 2.8 cm，宽约 0.6 cm，先端裂片近半圆形；子房纺锤形，长约 0.7 cm。果实椭圆状柱形，长 2.5～3 cm，直径 1.3～1.6 cm。种子梨形，棕色。花期 5—6 月，果期 7—9 月。

【生境分布】生于海拔 3 200～5 300 m 的高山砾石山坡或高山草甸。分布于昌都、索县、嘉黎、安多、那曲、聂荣、班戈、双湖、聂拉木。

137. 蓝花卷鞘鸢尾

Iris potaninii Maxim. var. *ionantha* Y. T. Zhao

鸢尾科　鸢尾属

【主要特征】本变种花为紫蓝色，其他性状特征、生境及分布均与卷鞘鸢尾相同。